本能

人类如何应对
生存考验与挑战

（比）皮特·万坎普 著
金晏伊 译

辽宁科学技术出版社

沈阳

This is the translation edition of WAT DOET DAT MET JE LICHAAM?

Author: Pieter Vancamp

First published by Borgerhoff & Lamberigts, Belgium in 2021

All rights reserved.

©2023辽宁科学技术出版社

著作权合同登记号：第06-2022-113号。

图书在版编目（CIP）数据

本能：人类如何应对生存考验与挑战 / (比) 皮特·
万坎普著；金晏伊译. — 沈阳：辽宁科学技术出版社，
2023.9

ISBN 978-7-5591-3135-5

Ⅰ. ①本… Ⅱ. ①皮… ②金… Ⅲ. ①人类学 Ⅳ.
①Q98

中国国家版本馆 CIP 数据核字 (2023) 第 143154 号

出版发行：辽宁科学技术出版社
　　　　　（地址：沈阳市和平区十一纬路 25 号　邮编：110003）
印　刷　者：辽宁新华印务有限公司
经　销　者：各地新华书店
幅面尺寸：145mm×210mm
印　　张：6.125
字　　数：150 千字
出版时间：2023 年 9 月第 1 版
印刷时间：2023 年 9 月第 1 次印刷
责任编辑：张歌燕
版式设计：袁　舒
封面设计：琥珀视觉
责任校对：徐　跃

书　　号：ISBN 978-7-5591-3135-5
定　　价：59.80 元

联系电话：024-23284354
邮购热线：024-23284502
E-mail:geyan_zhang@163.com

目录

7   **前言**

13   **第一章　阳光对身体有什么影响?**

15   太阳是一个发光发热的核反应堆

17   眼睛是身体的照相机

23   阳光如何决定我们的生活节奏

28   阳光对皮肤的影响

35   **第二章　缺乏睡眠对身体有什么影响?**

37   人为什么要睡觉

42   梦境和梦魇

49   睡眠不足的影响

57   **第三章　高海拔地区对身体有什么影响?**

59   富含氧气的空气是生命的燃料

63   关于高海拔地区的缺氧问题

67   氧气压力过大引发的急性高原病

69   通过训练适应环境

72   高海拔地区的人如何适应环境

75   **第四章   食物对身体有什么影响?**

77   为什么要吃和喝

83   从糖类到脂肪和矿物质

89   营养不良对身体的影响

93   营养过剩对身体的影响

97   **第五章   重力对身体有什么影响?**

99   重力对身体的影响

106   失去重力会怎样

113   **第六章   病毒和细菌对身体有什么影响?**

115   微生物群系

120   危险的入侵者

121   预防感染

124   免疫系统：身体的生物武器

130   抗生素和病毒抑制剂

134   疫苗与免疫

137   过敏是因为我们生活得太干净了吗

138   微生物的未知未来

目录

141　　第七章　热和冷对身体有什么影响？

143　　保持温暖的人体

146　　热对身体的影响

150　　中暑：人体降温系统的自然极限

154　　寒冷对身体的影响

161　　第八章　过多的酒精对身体有什么影响？

162　　醉猴假说

166　　我们的身体是如何处理乙醇的？

171　　酒精中毒

175　　长期饮酒对身体的影响

179　　第九章　放射性辐射对身体有什么影响？

181　　感知无法观察的辐射

187　　放射性辐射对身体的影响

193　　不易察觉的隐形杀手

前 言

人体是一个迷人的有机体。尽管最初的单细胞生物在38亿多年前就在最早的海洋中繁衍生息，无数的植物和动物也在数百万年中才诞生，但现代智人仅用了4万年就占领了整个地球，这是其他物种做不到的。由于代代相传的知识，用于沟通的语言的相互理解，音乐和其他艺术形式的交流，我们建立了一个复杂的社会，其地域之广甚至威胁到了地球本身。

也许这种扩张的冲动，以及对文化和知识不可阻挡的渴望来自我们每天肩上扛着的东西——大脑——一个深藏在我们头骨顶部的结构，其额叶高度发达，以至于我们能意识到自己的存在，并能思考我们正在思考的问题。86万亿个整齐堆叠的神经细胞具备着解决和预测复杂问题的高级推理能力。它有足够的计算能力将人送上月球，有能力治愈病人，有足够的想象力对诸如生命和死亡等抽象概念进行哲学思考。

但在这台超现代的"生物计算机"下面隐藏的是一个动物的身体，它是由DNA构成的。人体是一个复杂的生物机器，由各种器官组成，在大脑的指挥下协同工作，有骨架，有肌肉，也有软组织等。这台机器在自然选择的力量下，经过数百万年的完善，逐渐配备了能抵御各种生物和物理敌人的生化武器库，唯一的目的是不惜一切代价保护遗传物质，以便为下一代服务，维持物种的生存。

我们人类的许多特征都根植于这种动物的生存本能，在面临自然危险、冲突或诱惑时出现。我们仍然会被一只毛茸茸的蜘蛛吓到，对高空感到恐惧，或面对致命的危险时感到惊慌。逻辑和智力让位于纯粹的生存本能，这种行为起源于古代世界，在那时，我们作为狩猎和采集者，蔑视自然力量，在有毒的植物和狡猾的掠食者面前奋力拼搏。尽管今天我们知道如何用止痛药、疫苗、衣服、住所、护目镜、空调、持续的食品安全等来保护自己免受自然界的恶劣影响，但我们的身体仍然每天都要经受考验，而且它们仍然本着同样的目的——生存。

外部世界的各种因素每时每刻都在攻击我们身体的运作，在2019年夏天巴黎的酷热中这一点在我头脑中变得更加清晰。当时我在国家科学研究中心担任科研人员，在一个位于美丽的植物园的有百年历史的研究所里，我们研究甲状腺激素和大脑发育之间的相互作用。我在鲁汶大学（Katholieke Universiteit Leuven）学习生物学，并在费尔利·达拉斯（Veerle Darras）教授的带领下完成了4年的博士学位。她是一位迷人的女性，一直沉浸在生物学研究中，过去是，现在也是，那是她不竭灵感的来源。

那年夏天，巴黎的温度多次高达40℃以上，特别是在市里，这是由于混凝土结构的房屋对热量的保持特别好。高温是全球变暖的又一个令人震惊的迹象，因为这种高温天气越来越多，引发的后果也越来越极端。我们没有空调，在长长的白大褂的包裹下大汗淋漓，偶尔会和同事们一起待在我们的"冷库"——温度是4℃的化学品储藏室——寻求凉爽。

高温让我们不停出汗、大量补充水分，我曾想：大家是否能明白，为什么在大热天我们总要不停地喝水？为什么极热的时候会有起鸡皮疙瘩的奇怪感觉？我将这些答案一一写进了一篇短文中。令我惊讶的是，文章吸引了很多读者。我惊讶于读者的阅读反馈，他们现在知道了人体中有一个恒温器，它将核心温度完美地调整到36.8℃，并为此变出各种着数来防止身体在5分钟后过热而"沸腾"。

从很小的时候起，我就与我的父亲分享我对人类和自然的热爱。我的父亲也是一位经验丰富的生物学家，一位狂热的达尔文主义信奉者。我们虽然会忘记彼此的生日，但当大卫·艾登堡（David Attenborough）（世界公认的最知名的电视节目主持人之一，杰出的自然博物学家，自然纪录片制作的先驱，他几乎亲身探索过地球上已知的所有生态环境——译者注）发布新的纪录片时，我们会打电话彼此提醒。多年来，我每天都要给朋友们讲各种各样的生物现象，我试图说服他们去相信大自然的辉煌和伟大。

当然，炎热不是人体接受的唯一挑战。我们的身体每时每刻都要应对许多其他的、有时看似微不足道的威胁。我们的身体时刻都在做好准备，一刻都不能放松，这样才能让我们健康度过每一天：维持恒定的体温，消化食物、饮品和酒，让大脑保持8小时的睡眠，保护我们免受紫外线和放射性辐射的伤害，抵抗病毒、细菌和其他害虫的攻击。然而，这些我们不断坚持的忙碌的生活方式，却偏离了生命进化的生物节律。

只有在最严酷的环境下，才能真正清楚地看到身体能将其生理极限达到什么程度，以及能坚持多久。第二次世界大战的士兵们在没有适当衣服的情况下在冰天雪地里战斗了好几天，宇航员能安然无恙地从失重的外太空中回来，登山者在没有配备额外氧气供给的情况下爬上世界屋脊，探险家可以在几乎没有食物的无人岛存活好几个星期。

身体是如何应对所有这些挑战的？它为抵御自然界的严酷现象付出了什么代价？换句话说，这对你的身体有什么影响？这就是我在这本书中要解释的内容。我带你夜游身体，看看晚上的它是怎么运作的，向你展示它是一个多么令人印象深刻又可以完美自我调整的机器，以及身体又是以何种创造性的方式维持生命，而我们却不必为此烦心。在某些情况下，身体确实会出错，但那时我们的大脑可以帮身体一把。当然，人类的能力也有局限性，但它的边界在哪里？在人的躯体这台机器坏掉之前到底有多大的发挥空间呢？

充满激情的科学家们已经进行了几个世纪的专注研究，现在我们可以更好地了解我们的身体如何工作，以及我们该如何有效地保护它们。这是一个充满奇闻逸事、敏锐观察和巧妙实验的故事。我将带你一起进入这个扣人心弦的故事，并试图开阔你的视野，了解你的身体如何在周遭不断变化的世界中工作。本书的九个章节将分别展示阳光、睡眠、高海拔、食物、重力、病毒和细菌、热和冷、酒精和放射性辐射对我们的身体有什么影响。一起享受这段迷人的发现之旅吧！

皮特·万坎普

第一章

阳光对身体
有什么影响？

几年前，人类学家梅根·布里克利（Megan Brickley）和她的团队在对加拿大魁北克和法国的古代人类遗骸的研究中发现，遗骸主人由于在童年时期长期缺乏维生素D而导致牙齿变脆并患有蛀牙。维生素D缺乏会导致骨骼生长异常的相关疾病佝偻病的发生，这种病还被称为英国病，是因为这种疾病在18世纪和19世纪的英国工业化地区的儿童中很普遍。

造成这一切的主要原因是缺乏阳光。在那个时期，英国很多男孩女孩自幼年起就不得不在黑暗的工厂里工作，在被数米高的建筑物的包围下无法享受充足的太阳光。即使是现在，这种疾病仍然会在阳光不足的地区发生，21世纪初以来，它就在比利时再次出现，可能是因为儿童一天中的户外活动过少，大部分时间都浪费在手机、电视或电脑屏幕前。

除了让我们心情变好，让我们晒出一身漂亮的古铜色皮肤外，阳光对身体的作用还有很多，只是我们往往没有意识到。为什么缺乏阳光会对骨骼结构产生如此大的影响？阳光也与我们看到运动中的世界有关：眼睛如何感知颜色，大脑如何像流畅的电影一样处理信息？此外，各种自然过程和重要参数，如体温，都会随着太阳的升起和落下而调整，遵循一天的节奏。这一切是如何进行的？阳光与时差有什么关系？皮肤又是如何保护自己不受有害紫外线的伤害呢？

太阳是一个发光发热的核反应堆

地球围绕着浩瀚银河系中无数的恒星之一——太阳，作近似圆形的轨道运转。太阳的直径为1 392 700千米，体积是地球的100多万倍，在宇宙中它属于中等大小的恒星。如果太阳是一个直径为1米的巨大灯泡，那么地球将是一个直径只有9毫米的不起眼的豌豆。

在太阳这个巨大的火球内，不断的核聚变将氢气转化为氦气，并不断释放出巨大的热量。太阳的中心是一个巨大的核反应堆，核心温度高达15 000 000℃，即使表面温度也达6000℃。太阳光线以大约30万千米/秒的光速射向太阳系的各个角落。

地球离太阳有1.5亿千米，因此躲过了大部分的辐射热。这个距离被物理学家称为一个天文单位。光到达地球表面需要8分19秒，因此，当你看着太阳时，你实际上看到的是8分19秒前的它，你实际是在看太阳的"过去"。最终，只有微不足道的0.000 000 045％的阳光照射到地球的大气层。从太阳表面释放出来的辐射，有50％是我们可感知的可见光，还有50％是不可见的红外和紫外辐射。阳光包含了彩虹的所有颜色，所有的光合在一起就是白色，这就是为什么宇航员从他们宇宙飞船上看到太阳是一个白色球体。

而在地球上，大气中的微小颗粒，包括水蒸气、臭氧和灰尘颗粒以及二氧化碳等各种形式，会反射、吸收和散射照耀在我们地球上的50%的可见光。蓝光最容易被散射，使天空呈现出特有的天蓝色。太阳光中留下的可见光谱就是黄色。当太阳在地平线上的位置较低时，光线在大气中的传播路径更长，大部会蓝光和紫光被散射掉，而较长波长的红光留下，这使得落日在晴朗的天空中呈现令人惊叹的火红色。

反射的现象在月圆时节尤其明显。它的50万倍弱光不过是它捕捉到的部分太阳光的反射。另一方面，辐射被吸收而没有被反射，而是转化为热量。一个物体越黑，它吸收的阳光就越多，升温就越快。这就造成了大城市典型的热岛效应，因为那里铺设沥青的道路极好地保留了热量，有时城市会比周围乡村的温度高5～10℃。南方的村庄和城市有许多房屋被涂成白色，也是为了尽可能多地反射太阳光。

大气层像毯子一样捕获太阳的辐射热，这对于我们这个蓝色星球上复杂生命的出现是不可或缺的。至关重要的是，水在温和的温度下以液态形式出现，因此分子很容易相遇，并通过生化反应形成新的样式，用于构建生命。地球母亲过去和现在都与太阳保持着完美的距离，使水这个"生命之源"得以存在。在离太阳更近的火星上，白天的温度超过100℃，"生命之源"就会沸腾，失去建构生命的条件。

在地球形成后不久，单细胞的微生物很快就出现在地球的每一个可居住的角落。在几十亿年的时间里，它们一直独占地球王国，直到发生了一场革命：它们中的一些通过进化，拥有了吸收太阳辐射的色素，使之可以直接受益于免费又无限的太阳能，这就是现在绿色植物叶子中的叶绿素。绿叶就像天然的太阳能电池板，通过利用水和二氧化碳合成糖类来产生能量，为生长和繁殖提供燃料。由此产生的大量生物，也成为食物链的广泛基础，其他生物在此基础上繁衍生息。

作为人类，我们依赖于这个食物链，因此也间接依赖于维持食物链的阳光。但我们也直接从阳光中受益，尽管方式与植物完全不同。那阳光到底对人体有什么作用呢？

眼睛是身体的照相机

皮肤和眼睛是直接与阳光接触的两个主要身体部位。太阳光线照射到物体继而反射到眼睛，使我们和许多其他动物能够感知环境中的惊人细节。

像相机的光圈一样，瞳孔控制着进入眼睛的光量。当天黑时，它们会扩张，让更多的光线进入；当光线太亮时，它们便会收缩。瞳孔扩张和收缩是一种反射，你无法控制，但可以很容易地观察到。站在镜子前，闭上眼睛10秒钟，当再次睁开眼睛，你会看到自己的瞳孔放大了。

我们的两只眼睛位于头骨正前方，距离刚好足以在我们180°的宽阔视野中心产生深度知觉。眼球的屈光系统折射而聚焦图像。通过物体在两眼之间的位置，大脑能够估算出它的距离和高度，这是我们与自然界中其他"猎手"的共同特征（猎手这里指的是自然界的其他动物——译者注）。

眼球后的视网膜内存在一种特殊的视神经细胞，它捕捉反射的太阳光线，并将其转化为电信号，沿着视神经传到脑后特殊的大脑深度区域。在这里，它们被翻译成大脑能够理解的信息，使我们能够看到世界运动的原貌。眼睛就像是照相机的主体，以快门的速度不停地拍摄环境，大脑将这些照片组合成一个连续的、可理解的影片；其他感官，如听觉，为图像添加声音。

耐人寻味的是，我们所说的"看见"是通过感光胶片上的一个小孔进入的连续光线的连续图像的重建。19世纪比利时物理学家约瑟夫·普拉托发现，每个图像在视网膜上"燃烧"了0.34秒。然后他推断，如果一连串独立的、静止的数字在不到0.34秒内交替出现，就可以模拟出运动的错觉。他用自己组装的西洋镜（也被称为"诡盘"，确立了视觉暂留原理）证实了他的假设。这是一个垂直圆盘，上面有按规律间隔的静止图形，代表运动的连续阶段。通过快速旋转圆盘，当从一个光圈观看时，这些数字就组成了连续的图像。电影的概念由此初露端倪，并通过电影先驱以及卢米埃尔兄弟得到进一步发展。

如今，当你在周日晚上目不转睛地盯着屏幕看影片时，每秒钟约有24个图像（或每0.042秒一个图像）以惊人的速度闪过。车辆的车轮以类似的速度旋转，因此这使影视作品中的车轮看起来转得很慢，甚至是静止的。实际上，我们每天都在看"电影"，因为尽管每次眨眼时图像都会中断3/10秒，但大脑将这些图像巧妙地编织在一起，以至于生活的电影似乎从未暂停过。

大脑不断地将你看到的东西与你早先看到的东西进行比较，因此，熟悉的物体和面孔可以毫不费力地被识别。只有在极罕见的情况下，比如因为脑部出血损害了负责面部识别的大脑区域，人可能无法认出亲友或者不能将人和物体区分开来。一些患有这种病症的人，即人面失认症或称之为"脸盲症"，甚至不能认出镜子中的自己。

我们再回到眼睛的讨论中。在视网膜中，我们区分了两种类型的光敏细胞或光感受器，即锥体和杆状体，以它们在显微镜下形态命名。每只眼睛中的600万个视锥细胞主要在白天亮光充足的条件下活动。3种不同类型的锥体能识别蓝色、绿色或红色，它们都聚集在视网膜的中心，眼科医生称之为黄斑。有了它们，我们就能感知到彩虹的所有颜色。然而，我们所说的"可见光"只是整个电磁波谱的一部分，它还包括不被我们肉眼所看到的更长和更短波长的辐射，如红外线或紫外线辐射。

色盲的人缺失了一个、两个或所有的视锥神经，所以对某些颜色看得不太清楚或根本看不清。他们在石原色盲测试中的得分很低，在这个测试中，会向被测者展示一个带有某种颜色圆点的图形，其中一个数字以另一种颜色的圆点形式隐藏起来。

大约6%的男性难以区分红色和绿色，这是因为包含捕捉绿色色素的构建模块基因存在缺陷。该基因在X染色体上，而男性只有一条X染色体，他们的另一条性染色体是Y。相反，女性有两条X染色体，如果其中一条X染色体对捕捉绿色色素的构建模块出错，还有另外一条X染色体可以工作。因此，只有当女性的一对染色体同时存在构建模块上的缺陷，才能成为红绿色盲，这种概率是如此之小，所以女性很少有红绿色盲。

红绿色盲者的锥体中含有变异的色素，他们更易感知红色而不是绿色的光。令人惊讶的是，这些人对卡其色色系的分辨能力比其他视力正常的人强。因此，在第二次世界大战期间，他们更适合当飞行侦查员，以便更好地在深绿色的灌木丛中发现敌人的坦克和部队。当狩猎者跟踪隐藏在高大深绿草丛中的猎物时，这种能力甚至是有利的。

由于视锥细胞的一些典型特征，会让人产生视幻觉。互联网上就有很多这样会让人产生视幻觉的图片。比如，如果你先看了一会儿红色的方块，然后再凝视白色的墙面，你会觉得前方有一个绿色的方块。因为红色的不断投射使感知红色的视锥细胞暂时饱和，由于化学反应迟缓造成视幻觉。墙壁的白色包含所有可见光，但由于饱和的红色锥细胞暂时不活动，只有绿色锥体受到刺激，大脑看到的是其互补色——绿色。这种饱和锥细胞的反应也会发生在相机闪光灯过后，你会看到飘浮的斑点，这一现象正是视锥细胞的饱和效应。

著名的麦考勒效应解释了为什么医生和护士要穿绿色的衣服，并用相同颜色的无菌纸覆盖手术切口周围的皮肤。直到20世纪初，外科医生还都是穿白衣服。但长时间地注视血液和红色的人体组织，会使眼睛的红锥细胞疲劳，并在白色表面和衣服上造成绿色反射。同时，眼睛不能很好地感知红色的细微差别。绿色环境抵消了这些影响，使外科医生即使为患者开刀几个小时也依旧可以保持清晰的视觉。

大脑也很容易被愚弄。它经常根据以前的知识来填补视觉环境中缺失的信息，并看到不存在的东西。放在语境中就是大脑会寻找出它应该说的话，并利用我们储备的丰富的语言和语法库来填补空白。你看到的东西实际上并不存在，诸如此类，还有许多令人惊讶的例子。

除了视锥细胞之外，1.2亿根视杆细胞覆盖了每个眼球视网膜的整个背面。它们在中央的黄斑处缺失，那里是视锥细胞集中分布的区域。视杆细胞在较低的色调中工作得特别好，对弱光尤为敏感，帮助我们适应黑暗的环境。如果你突然关了灯，你将需要耐心地等待20分钟才能在黑暗中正常看清东西，因为视杆细胞缓慢的化学反应在一段时间后才会全速运行。在夜盲症患者中，视杆细胞的功能较弱或完全受损，尽管在白天他们的锥状体对所有颜色的感知没有任何问题，但到了晚上就会看不清东西。

由于视锥细胞仅位于视网膜的中心，我们无法感知视野外缘的颜色。

然而，我们在中央视野的左边、右边、上方和下方都能看到颜色，因为大脑在无意识地给视野范围内景物上色，这也是基于之前经验对环境的认识。例如，我知道我的吉他是橙褐色的，所以大脑就用这种颜色给它上色，尽管吉他在我视野的最左边，处于视野的边缘，然而，它只是一个幻觉。

视杆细胞位于视网膜的外侧，这就是为什么你必须用肉眼看暗淡的星星边缘才能观察到它的原因。如果你直视星星，射向视锥细胞的光线不够强烈，不足以激发它们，你什么也看不到。如果你就在旁边看，微弱的光线会落在视杆细胞上，它可以探测到浩瀚星空中微弱的光线。

夜行动物，如猫，在视网膜后面有一层反射光线的细胞，将光线反射到它们布满视杆细胞的视网膜上，即脉络膜毯（tapetum lucidum）（或称明毯、照膜）（作用如视网膜后方的镜子，能将光线反射回视网膜的细胞——译者注），它是一种光线反射层。因此，在非常弱的光线强度下，猫的视力比我们人类好8倍。如果你在晚上用手电筒照射猫，你可以看到猫眼睛的光反射，就像两只外星人的眼睛。人的眼睛没有这种照膜反射结构，照片中出现的令人尴尬的"红眼"只是视网膜上过度曝光的血管。

阳光如何决定我们的生活节奏

两只眼睛详细地记录环境的方式令人惊叹，而且，并没有止于此。眼睛捕捉光线有一个完全不同的原因，一个与视觉完全无关的原因。视神经的其中一小段大约在半途中通往大脑叶，再进入下丘脑。下丘脑是大脑的指挥中心，密切监测重要的生命功能。除了其他东西之外，这里还存在控制我们体内"生物钟"的物质（这里的生物时钟即指生物节律：机体内的许多活动按一定的时间顺序发生周期性的变化——译者注）。它不是真正时钟里的齿轮或者指针，而是蛋白质，甚至其中一个蛋白质还带有"时钟"的名字。科学界对蛋白质的命名极其离谱，有时研究人员会以他们最喜欢的卡通人物命名，如"音速刺猬"、"类尼莫激酶"（尼莫是《海底总动员》中白色条纹的橙红色小鱼）、"小鹿斑比"或"类伊比3"（伊比是英文Yippee的音译，意为开心快乐时叫起来的感叹词）。事实上，大千世界里的人类名字远比在科学界的这类不寻常的名字更千奇百怪。

生物钟是一个由下丘脑的神经细胞创造的蛋白质动态网络，它确保许多身体机能有节奏地运行。大多数节律，如睡眠—觉醒周期、新陈代谢和激素分泌，大约持续24小时的时间。时间生物学家称这些为昼夜节律（荷兰语为circadiaanse ritmes），其中"circa"代表"大约"，"diaans"（源自"diem"）代表"一天"。例如，体温在24小时内会有变化，在起床前2小时最低，晚上6点左右最高。如果你想知道自己是否发烧，最好在晚上测量体温。

还有一些较慢的或"次昼夜"的周期，如激素调节的月经周期，使许多物种的雌性在适当的时候有生育能力。胃在一天中每隔4小时向血液中释放一定的饥饿信号，这是一个较短的"超昼夜"周期的例子。

节奏有助于生物体预测环境中可预测的变化。由于白天我们的体温略高，这样人的肌肉更容易被调动起来，以便进行身体运动，同时大脑也会以更高的速度运转以解决复杂的问题，有助于我们寻找食物。节奏对于地球上几乎所有的生物体来说都是生命的重要组成部分，并且在我们的生物学中根深蒂固，据说这也是我们从史前时代就迷上了音乐节奏的原因之一。

睡眠—觉醒周期是昼夜节律的一个例子，是身体过程的一种开关。白天，发动机全速运转，到了晚上，一切都处于待命状态，为身体充电，清洗大脑。因此，睡眠—觉醒周期被固定在内部生物钟中。即使你连续几天不让你的宠物见阳光，它们仍然会在早晨醒来，在深夜再次入睡。

但是研究人员在一些精心设计的实验中观察到了明显的特点。在完全黑暗的环境中，被测动物的睡眠—觉醒周期向后推迟。每天早上它们都比前一天晚一点儿醒来，又比前一天晚一点儿入睡。一段时间后，这些动物的睡眠—觉醒周期完全不再遵循实验室外的昼夜节律。事实证明，太阳的升起和落下会逐日调整睡眠—觉醒周期，其自然时间跨度大约为24小时。换句话说，阳光使我们的内部生物钟与环境保持一致。虽然阳光是影响最大的因素，但其他刺激，如吃饭或看时钟，也可以调整我们体内的生物钟。

那么，生物钟究竟是如何运作的？这要感谢杰弗里·霍尔（Jeffrey Hall）、迈克尔·罗斯巴什（Michael Rosbash）和迈克尔·杨（Michael W Young），他们在基于果蝇的研究中发现了这一点，这项研究在2017年被授予诺贝尔生理学或医学奖。光线照射到视网膜上时，会在视网膜上核中转化为电刺激，这是一个非常难懂的拉丁文名称，它只是以其位置来命名一个脑核："上"或"高于"视神经交叉的"脊膜"。科学家将其缩写为"SCN"。在神经细胞内，蛋白质的有节律的生产和分解驱动着生物钟，这是一个自我延续的网络，通过来自外部的信息对环境进行精确调整。当研究人员在培养皿中培养神经细胞时，它们继续以同样的节奏产生蛋白质，就像什么都没有发生过一样。

SCN（视交叉上核——译者注）中的神经细胞与松果体相连，松果体是大脑中的一个小器官，根据西方哲学家的说法，它是"灵魂之座"。在其他脊椎动物中，如鱼类和两栖类动物，松果体位于头骨的透明部分之下，允许光线直接落在上面，使松果体成为"第三只眼睛"。

松果体产生褪黑激素，即著名的"睡眠荷尔蒙"。蓝光是太阳光可见光谱的一部分，它抑制了褪黑激素的产生并抑制了睡眠。随着夕阳西下，这种抑制作用被消除，褪黑激素积累起来。这就是为什么我们在客厅的昏暗灯光下几个小时后就会睡着。到了晚上，褪黑激素的浓度再次下降，如果你有一个准确的睡眠—觉醒周期，你就能总在同一时间醒来。这样一来，你就很难在周末睡个懒觉了，但规律的作息是保持你的身体每天以较高速度运转所必不可少的。

当你乘坐飞机长途旅行时，你会清楚地感受到生物钟被打乱对你的影响，以及阳光在其中起到的作用。即使到达了目的地，你也会需要几天时间来恢复到正常状态。例如，你在上午11点整从扎芬特姆机场登机起飞，前往纽约，当地时间比我们提前了6小时。起飞的时候，纽约时间是早上5点。经过7小时横跨大西洋的飞行，你在当地时间12点钟降落。但是你体内的生物钟指针已经是晚上6点，因为它们已经适应了你在本国的昼夜节奏。所以，当你在下午参观时代广场的过程中，身体开始逐渐为晚上的睡眠做准备了。

跨越到不同的时区会改变环境中的光暗周期从而打乱你的生物钟。时区越远，症状就越严重。根据经验，跨越1个时区需要一天的恢复时间。跨时区的方向也起着一定的作用，那些向东跨时区的人将比向西跨时区的人更难恢复。

通过一些准备，你可以相当迅速地从时差中恢复过来，并避免最严重的症状。归根结底是把体内生物钟和光暗周期作以调整，或者换句话说，让生物钟的指针指在正确的时间。比如，在出发前几天，你可以根据目的地的时间调整你的饮食和睡觉时间。如果你向西行，可以稍晚一点儿睡觉，也可用特殊的灯具向脸部发射强烈的蓝光，持续半小时，这些对重置体内生物钟都会有帮助。

如果往东行，情况则相反。对于向东旅行来说，最好是在清晨尽可能多地晒太阳，以便将生物钟向前调整，而晚上应该尽早拉上窗帘。虽然你也可以根据新的时区调整你的睡眠节奏，但光线是生物钟最重要的复位器。睡眠能很快地被补上，但时差的后遗症会持续较长时间。

调整时差最后的解决方案是服用促进睡眠的褪黑激素片。如果你向西行，在早上服用；向东行，则在下午黄昏时分服用。另外，补充足够的水、避免喝咖啡或者富含咖啡因的饮料都能保持健康睡眠。

这些方法也适用于需要倒班的人。由于连续的夜班工作，他们的体内生物钟高度失调，并经历同样的时差症状，即失眠、注意力大大降低和情绪波动等。深夜盯着明亮的智能手机或平板电脑屏幕也会妨碍褪黑激素的产生，使人难以入睡。研究一再表明，良好的睡眠—觉醒周期是最重要的。紊乱的睡眠—觉醒周期会增加糖尿病、癌症、心血管疾病和许多其他疾病的风险。

不言而喻，在黑暗和阴沉的天气里，缺乏阳光也不利于我们的情绪。对我们中的一些人来说，这种糟糕的感觉甚至会导致严重的冬季抑郁症，医学术语叫作"海洋情感障碍"。当有足够的阳光时，大脑会释放血清素，这有助于使我们保持平静、专注和良好的心情。在灰暗、寒冷的月份，这种"快乐荷尔蒙"的分泌量急剧下降。

在高纬度地区的村庄，冬季缺乏阳光的情况非常严重，那里的太阳光很难穿过高山的山峰。在冬季，太阳只在遥远的地平线上照射几个小时；而在夏季，太阳几乎不会落山。在被高山环绕的挪威村庄尤坎（Rjukan），人们找到了一种解决方案。在一些山顶上，设有由计算机控制的大型旋转镜，将太阳光反射回村子里，而以前在冬天，村子里有几个月是在阴暗中度过的。尽管这种方法对健康的确切影响还没有得到科学的结论，但这对3000多名尤坎村民来说已经很值得高兴了。

值得注意的是，漫长的夏日和黑夜的缺乏也会造成心理上的负担。广袤的格陵兰岛，跨越北纬60度到80度，有4/5的自杀事件发生在漫长的夏日。有研究表明，人口居住地越往北，也就意味着光照时间越长，自杀的比率就越高。这再次表明，我们的大脑是多么依赖于每天的明暗平衡，从而以良好的精神和健康状态度过一生。

阳光对皮肤的影响

不断接受阳光照射的最大人类器官是皮肤。这种0.05～1.5毫米厚、15～20千克重的柔软盔甲包围并保护我们的内部器官免受各种外部威胁，并防止水分流失。此外，皮肤的表面积为2平方米，是一个理想的热交换表面，可以快速有效地调节体温。

皮肤大致上由两层组成。真皮是最深的一层，包含丰富的血管、淋巴管、神经末梢及触觉小体，它们作为高度敏感的感受器官，可以探测到疼痛、冷、热和触摸。位于最外层的是表皮，其主要构成是角质层，由扁平的角质细胞组成，中间有毛孔和皮脂腺，它们分泌的脂肪物质使裸露的皮肤保持光滑和健康。

我们的皮肤不断受到物理、化学和生物上的攻击，每分钟有30～40 000个死皮细胞剥落，并在睡眠中不断被新的细胞取代。你每个月按照这个速度换上新的皮肤细胞。在受损的情况下，皮肤的修复能力是惊人的，远超过其他器官。

那阳光对你的皮肤有什么影响呢？如前所述，阳光有50%以可见光的形式出现，但也以波长更短的紫外线形式出现，其威力之大，对脆弱的人类皮肤构成了威胁。太阳高高挂在天空照射大地，你暴露在两种类型的紫外线下，即UVA和UVB。另外一种也是最有害的类型，即UVC辐射，其波长最短，不能穿透保护我们的臭氧层。就目前而言，只在北极和南极地区存在臭氧层空洞。正因如此，在南极的南桑威奇群岛，当地政府建议居民始终佩戴太阳镜，并涂抹防晒霜。

UVA辐射的波长最长，对我们皮肤的伤害是UVB辐射的1000倍，在短期内对皮肤的危害更大。随着长期接触，两者都会渗透到皮肤深层，损害或杀死部分皮肤细胞群。水或雪能反射80%的紫外线，使人更易被晒伤。而玻璃和云层并不能阻挡所有的紫外线。你在20℃和30℃时一样容易被晒伤。通常情况下，紫外线辐射在太阳直射的时候最强烈，因为那时它只需要在大气层中走一小段距离，散射较少。所以，如果你的影子比你短，这时候就要避开太阳。

晒伤后，皮肤会变红、肿胀，并在几天内非常疼痛。太阳灼烧的细胞大量地死去，携带免疫细胞的水分渗入于此，并将在那里停留数日，清理代谢的细胞并修复损害。当皮肤大面积被灼伤时，液体的流动实际上可能使身体脱水，并暂时破坏其他器官的功能。

一段时间后，身体会脱落死皮角质层，在较深的、受影响较小的皮层中幸存的皮肤细胞群会快速地产生新的皮肤细胞，以恢复自然屏障，避免威胁生命的感染。由于保障身体的生存是首要的，重度烧伤的愈合过程快速却难免出错，从而使愈合处出现疤痕。有时，外科医生不得不移植皮肤。

通常情况下，晒伤本身不会带来太大的影响，但从长远来看却潜伏着更严重的风险。经常晒伤的皮肤会更快地形成皱纹，导致皮肤过早老化。这是因为每次我们晒伤时，紫外线都会损害我们的DNA，即细胞中的遗传物质。酶将细胞碎片重新黏合在一起，修复破碎的遗传密码。但由于这种黏合方式并不细致，有时会出现错误，这就是DNA的突变。这可以改变一个细胞的特性，尤其当有关细胞分裂速度的信息代码发生错误时。如果该信息不再准确，控制细胞分裂的刹车就会失效，细胞将不断分裂。它的所有后代都会继承这块变异的DNA，并且以前所未有的速度复制，这就是皮肤癌的成因。

晒伤越频繁、越多，紫外线辐射引发上述过程的风险就越大。在比利时，抗癌基金会每年会登记超过39 000名新的皮肤癌患者，并通过有针对性的活动开展预防工作，帮助减少患癌人数。

幸运的是，身体有天然的保护机制，可以保护皮肤不受晒伤和紫外线的有害影响。黑色素细胞就是一种特殊的皮肤细胞，它产生的黑色素，就像一个分子阳伞，保护DNA免受紫外线的伤害。在手臂和腿部，每平方毫米的皮肤约有2000个黑色素细胞，而身体其他部位每平方毫米约有1000个。黑色素也决定了你的眼睛和头发的颜色。

晒太阳越多，黑色素细胞就越活跃，产生黑色素并分布在皮肤细胞中。定期安全的日光浴，积累的黑色素会形成美丽的棕色皮肤，这是黑色素带来的意外收获。雀斑只不过是呈块状的黑色素，在夏天会更加明显，因为黑色素在这些区域的积累比周围的皮肤细胞更快也更多。

防晒霜可以防止晒伤，至少给皮肤时间以逐渐适应越来越多的太阳辐射。不幸的是，并不是每个人都能同样很好地抵御紫外线，皮肤白的人患皮肤癌的风险是皮肤黑的人的70倍。

一个人的皮肤天生有多黑，并不取决于黑色素细胞的数量，而是取决于它们主要形成哪种类型的黑色素，以及每种分子的数量，这一属性在很大程度上固定在我们的遗传基因中。黑色素细胞产生的真黑色素越活跃，头发、眼睛和皮肤的颜色就越深。玫瑰色头发的人皮肤苍白，因为他们有更罕见的粉红色和红色变体"褐色素"，它对有害紫外线的保护较少。

患有遗传性疾病白化病的人不产生或者产生极少黑色素，即使黑色素细胞本身没有缺失。因此，白化病患者有苍白的皮肤和雪白的头发，他们的虹膜是无色的，但视网膜背面的血管使眼睛呈现红色。白化病患者几乎不能承受紫外线辐射的损伤，会在短时间内被晒伤，这使得他们非常容易患皮肤癌。在普通的光照下，他们的眼球发生不自主的节律性震颤，因为过度暴露的感光细胞发生反应，使白化病患者就像个盲人。

在一些非洲国家，每4 000人中就有1人受到该疾病的困扰，但原因尚未明确。由于坦桑尼亚等国的一些原住民认为白化病患者的身体具有神奇的力量，因此白化病患者有时会成为"白化病猎人"残酷杀戮的受害者。这些猎人将受害的白化病患者的身体部位以高昂的价格卖给当地的魔术师。还有一些白化病动物，如辛辛那提动物园中著名的白鳄鱼。只要在谷歌上输入"白化动物"关键词，你会发现有很多其他看似被染了白色的患病动物。

在皮肤的黑色素产生之前，如果确实要在强烈的阳光下外出，你可以先涂好防晒霜。最好的防晒产品含有氧化锌和二氧化钛，这些物质对紫外线起到"分子海绵"的作用。防晒指数表明防晒霜吸收紫外线的效率如何，除以10就是你涂着防晒霜可以在阳光下免受紫外线侵害的时间。但要记住，你的活动和出汗会严重缩短这个时间。防晒霜这个称呼曾经出现在产品包装上，但此说法已经被禁止多年，因为没有防晒霜能完全防止晒伤（这里的"防晒霜"是指有争议的用词sunblock——译者注）。

低剂量的紫外线照射也是好的，对保持健康是必要的。我们通过阳光合成维生素D，每天半小时的阳光足以满足我们70%~90%的需求。维生素D的合成遵循一连串的化学反应：脱氢胆固醇分子（胆固醇的衍生物）经过光解反应转化为维生素D，由皮肤进入血液循环，经过在体内器官的作用，一些转化为25-二羟基维生素-D_3[25-（OH）D_3]或维生素D。其中一个化学转换是由UVB辐射在皮肤中合成的。其余的维生素D与其他12种维生素一样，从食品中获得，如脂肪含量较高的鱼类和奶制品。

维生素D就像一种激素，是能引起身体其他地方变化的信使分子。它是人体免疫的调节因子，尽管科学界就维生素D补充剂对流感或缓解疲劳是否有作用仍然存在争议，但是它最重要的功能是，通过刺激肠道增强对磷和钙的吸收来使骨骼钙化，以强壮骨骼和坚固牙齿。本章开头提到的因缺乏阳光身患佝偻病的儿童，其病症原理即在此。老化的骨骼可以补充维生素D来减缓骨质疏松症，并减少意外跌倒时骨折的风险。维生素D越多，骨骼结构就越强，老化的骨骼就越能抵御恶化的风险。

第二章

缺乏睡眠
对身体
有什么影响？

1964年，当时17岁的美国学生兰迪·加德纳（Randy Gardner）冒险为科学展做了一个不寻常的实验：尽可能长时间地不睡觉。这样做并不是没有风险，因为之前的实验中一只一直不睡觉的老鼠在两到三周后就死掉了。加德纳最终成功地保持了264小时不睡觉，在11天里一次也没有睡着。之后他奖励自己连睡了14小时。在随后的日子里，他也比平时睡得更久，以便从此次实验的损伤中完全恢复。

这次的科学实验，提出的问题多于得到的答案。为什么我们人类以及一般的动物都会睡觉？毕竟，在食物匮乏的环境中，睡着的动物更容易成为猎物，不是吗？而如果我们的大脑处在随时待命的状态，当我们做梦的时候会发生什么呢？排得过满的生活计划会以牺牲睡眠为代价，而面对随之而来的睡眠不足，我们的身体会有何反应呢？在几周不睡觉之后，我们是否会遭受和老鼠一样的命运？

这些问题自古以来一直困扰着人类。一个活了90岁的人，至少经历了不少于30年的无意识的睡眠状态。在动物园里，科学家们遇到了关于睡眠的新问题：为什么考拉每天要睡22小时，而长颈鹿却只睡1小时？海豚是如何让大脑的一半进入睡眠状态而另一半保持清醒的？不断逆流而上的鱼是如何睡觉的？为什么一些哺乳动物要冬眠呢？

研究睡眠的方式和原因是一个特别复杂的领域，因为无法解剖人的思想，更不用说在显微镜下观察它们了。也不可能对无意识的测试对象进行访谈，因此，睡眠专家必须使用巧妙的实验和特殊的设备，试图找出睡眠中的大脑到底发生了什么，以及它对身体有何益处。尽管这个相对较新的领域已经解决了许多谜团，但仍存有许多疑问。

人为什么要睡觉

每个人，从年轻人到老年人，都需要一个良好的夜间休息。虽然人与人不同，但需要多少睡眠主要取决于你的年龄。婴儿平均每天要睡16小时，以尽可能多地将能量投入到身体的生长和发育中。3～18岁的孩子所需的睡眠时间从15小时逐渐减少到10小时，而成年人每天只需睡8小时，这相当于一年有将近3000小时的睡眠时间。

睡眠的发生是有节律的，因此非常容易预测。经过白天12～16小时的快乐生活，身体渴望休息。环境因素和一系列的化学物质都会引导我们何时入睡，何时再次起床。在大脑中，一个根据阳光调整的内部生物钟驱动着睡眠和觉醒的节奏。如果你想知道这到底是如何运作的，请务必阅读关于阳光的章节。

白天，我们脑细胞的新陈代谢全速运行，为我们提供必要的能量，以集中精力应对大量的日常工作。作为这种繁忙的新陈代谢的副产品，越来越多的腺苷积累起来，这种物质就像一种化学时钟，表明我们已经清醒了多长时间。在一天结束时，高水平的腺苷会刺激大脑的睡眠中心，造成疲惫感。咖啡因会阻断腺苷转发这一信息的受体，从而在一段时间内抑制睡眠。但无论我们是否愿意，生物钟的滴答声和腺苷的累积这对不可战胜的组合进一步降低了我们的警觉性，随着一天的进展，疲劳感不可避免地增加。一旦躺在床上，大脑就会逐渐脱离意识，我们就会进入深度睡眠，而促肾上腺皮质激素在8小时后才会将我们从睡眠中唤醒。

在舒适的被窝中睡了一夜，大脑和身体的其他部分会发生什么呢？人们主要通过实验对象的脑电图记录检测他们的大脑活动。在灰质内部，无数的神经细胞通过称为轴突的微小突起交换信息。你可以把它比作一部老式的电话，在电话的另一端输出的信息像信号一样通过电话线运行。大脑中所有电流的总和以脑电波的形式出现在实验室的电脑上。在24小时内，电流根据大脑某些部分活动的增加或减少而变化，使电波具有不同的形状和路线。清醒的大脑有许多快波，而慢波是睡眠中大脑的特征。

在此基础上，研究人员将睡眠分为两种类型，而且你肯定听说过这两种类型：快速眼动睡眠和非快速眼动睡眠，后者又分为3个独立阶段。以8小时睡眠为例，我们在这期间，要经历4～6次由这4个部分组成的睡眠周期，每次需要90～120分钟。

第一阶段的非快速眼动期睡眠，从有意识的状态向表层的、无意识的状态快速地过渡。人在这个舒适的打瞌睡阶段，心率降低，呼吸减慢，不伴有剧烈的眼球运动，肌肉放松，偶有肢体或者身体其他部位的局部运动。睡眠刺激神经细胞接管了核心部件，并通过各种化学物质，关闭了大脑中的兴奋和意识中心，就像有人在笔记本电脑关闭前按下"更新和关闭"按钮一样。

在非快速眼动期睡眠的第二阶段，没有什么变化。肌肉更加放松，眼睛停止移动，大脑活动处于低潮，偶尔会有单独的电波活动高峰期。

一个多小时后，你第一次进入深睡眠期，也就是非快速眼动睡眠的第三阶段。从这个阶段醒来是很困难的，即使醒来也需要过一段时间才能恢复意识。这一阶段持续20分钟，主要发生在前半夜。一片休息的氛围笼罩着你的大脑，眼皮下缩小的瞳孔出卖了颅腔的机器——大脑，它几乎已经停止了运转。在激素浓度降低的影响下，夜间的新陈代谢急剧下降。凌晨4点左右，心脏仍然以完美的速度跳动，每分钟40～50次，而不是白天的平均每分钟70次，体温也下降到比白天测量的37℃低1～2℃。

身体换到较低的运转挡位可以节省每天所蓄载的35%的能量，从而为非夜行性的动物提供了进化优势。小型哺乳动物以类似的方式保存能量，即在食物短缺的时候冬眠，比如冬眠中的土拨鼠的心脏每分钟只跳动5次，而不是80次。这有助于仅依靠坚实脂肪储备的动物度过严酷的冬季。

深度睡眠的作用之一是清除白天在大脑中产生的有毒废物，以准备好第二天以干净的头脑面对新的一天。就像在现实生活中一样，环卫工人要在安静的早晨进行垃圾清理，那时街道上空无一人，垃圾在人行道上整齐地排列着。大脑里存在着胶状淋巴系统，这是一种特殊的"排水系统"，类似于大都市的下水道。到了晚上，所有的垃圾杂质都会通过这无数的管道被排走，从而帮助决定哪些记忆该留下来，哪些该消失。

在此期间，身体进行自我修复，免疫系统进行自我清洗，肌肉修复损伤。死去的皮肤细胞被新的细胞取代，修复的结缔组织让皮肤恢复紧致，肌肉和骨骼中增加的血流量赋予免疫细胞清理损伤和修复伤口的能力。受伤的身体通过向大脑发送化学信号来帮助自我恢复，从而大大增加睡眠时间。大脑分泌的生长激素在身体恢复活力的过程中起着组织的作用。

在夜间，免疫系统还产生信使分子，将有关威胁性入侵者的信息传递给免疫细胞大军，这些免疫细胞像忠诚的士兵一样，看守着身体的边界并消灭潜在的敌人。这很重要，例如，尽早地检测和杀死癌细胞。因此，常年的睡眠不足会增加患癌症的风险。

同时，软腭在弱化的咽喉肌肉下塌陷，导致咽部收缩，气道狭窄。进出肺部的气流受阻，发生紊乱，导致咽喉结构振动，引发哮喘和打鼾，特别影响伴侣的生活——这是1/5的夫妻分床睡觉的原因之一。酒精加强了肌肉的松弛，因此，喝多了酒的人会被赶到沙发上睡觉。2017年，荷兰一名男子的鼾声峰值达到了100分贝，成为荷兰打鼾声音最大的人。他的鼾声与普通割草机的平均分贝相同，并且刚刚低于法律允许的韦尔奇特摇滚音乐节的噪声标准。患有睡眠呼吸暂停的人，咽部变得完全封闭，每晚呼吸中断几秒钟,最多可达600次,长期下来会导致疲劳和缺氧。

睡眠的第四阶段也是最耐人寻味的阶段,即快速眼动睡眠(rem睡眠),占整晚睡眠的15%,并且在下半夜时发生得更频繁。"rem"是英文"rapid eye movement"的首字母缩写,意为"快速眼动",由尤金·阿瑟林斯基在1953年发现,当时他是芝加哥大学睡眠研究之父奈森尼尔·克莱特曼教授的学生。他用600多个夜晚,将包括他8岁儿子在内的年幼儿童在睡眠时与一个脑电图仪连接,测量他们在睡眠期间的眼睛和大脑活动,并在800米的纸上潦草地写下了这些数据。当阿瑟林斯基检查所有这些数据时,他注意到一些不寻常的现象:在大脑活动达到顶峰的时候,测试对象的眼睛在闭合的眼皮下向各个方向移动。他称其为"快速的、不平稳的眼球运动"。

研究人员很快对睡眠中的成年人进行了测试,发现了同样的结果。快速眼动睡眠中,脑电波变窄和扩大,新陈代谢、血压和心率上升,呼吸变得不规律。大多数男士夜间阴茎会有勃起,每晚最多20次,而女性则是阴蒂肿胀。而婴儿的快速眼动睡眠占睡眠的75%,这被认为有助于大脑发育。随着年龄的增长,人的快速眼动睡眠的持续时间会减少。

阿瑟林斯基和克莱特曼的惊人研究从根本上改变了睡眠的概念,标志着现代睡眠科学的开始。即便在经历了几十年研究之后的今天,在快速眼动睡眠期间大脑中究竟发生了什么仍然是个谜。大多数研究者认为,制动阶段起着清洁心灵的作用,储存和消除记忆,帮助记忆建构。在某种程度上，大脑可能在充电，为第二天的生活做好准备，以便神清气爽地面对生活的挑战。

但最大的谜团仍然是那些富有想象力的、不切实际的梦以及噩梦，这种奇怪的现象多年来激发了许多戏剧家、作曲家和电影制作人的灵感。通过在快速眼动睡眠期间唤醒他的测试对象，阿瑟林斯基发现，人在这个阶段尤其会经历复杂的梦境，而在非快速眼动睡眠的前3个阶段则没有那么多。我们越是深入这个迷人的世界，就会越发觉得神秘，答案就越不明确。

梦境和梦魇

每晚你要经历4~6次的快速眼动睡眠。大部分的梦都发生在那时，而且通常每个周期只有一个梦。如果你在非快速眼动睡眠中做过梦，那就如一部不太有想象力的黑白电影，你几乎记不得梦的内容。据统计，人的一生中平均有6年的时间在做梦。换句话说，你那1.5千克的大脑，白天用以感知、解释和分析你周围的世界，却产生了长达6年的幻觉。

你可能会开始怀疑，大脑是不是在白天也会欺骗我们。例如，在许多视错觉中，我们看到了不存在的东西。也许意识也是一种幻觉呢？想一想：每个神经细胞本身不过是一个开关，对它自己或你的存在没有任何概念。然而，所有的神经细胞一起创造了更多的东西，独特的东西。总和大于部分吗？我们探讨的越多，出现的难题就越多。获奖的哲学家丹尼尔·德内特（Daniel Dennett）试图给出答案，其中包括他的畅销书《意识的解释》。

我们为什么做梦，这看似简单的问题，研究人员和哲学家们却用了几个世纪试图回答。做梦和哪些生物机能有关呢？实验中，研究人员将测试人员从梦中唤醒，并立即对他们进行访谈。结果显示，视觉方面比其他感官占优势，彩虹的所有颜色都充满了幻觉。这虽然缺乏确凿的证据，但仍可以得出结论，梦常常与最近发生的事件、人物活动、对话和个人的其他事项有关，正所谓"日有所思，夜有所梦"。

在梦中有一些主题经常重复出现，例如从什么东西上掉下来、汽车失控、迟到或考试失败——一个又一个让人紧张的情况，在现实生活中已经发生或可能发生的事件。据说，做梦是一种更好地处理日常情绪的方式，把事情放在特定的背景中，记住重要的事情，把琐碎的事情扔进垃圾桶。这就好比是在大脑的记忆壁橱里进行的一次大型清理行动。有了良好的睡眠，记忆会被更好地保存下来，以后可以更容易地检索到。

然而，梦是不合逻辑和不现实的体验。这是因为在快速眼动睡眠期间，大脑原始的生存本能，即控制恐惧、压力和行动等行为和情绪的本能会过度活跃。构成推理和逻辑基础的头骨前部脑叶暂时处于待命状态，使创造性潜意识的幻想世界有了更多可能。丘脑在白天是传递感觉信息的通道，大脑皮层对信息进行解释，它为梦境和噩梦提供了一叠存储的图像、声音和感觉。这种潜意识越活跃，梦境就越生动，出现紧张和恐惧的噩梦的机会就越大，例如，孕激素或干扰睡眠的药物会使人们夜晚心绪不安。

你最终记得的梦是发生在你醒来之前的那个梦。在醒来5分钟内你已经忘记了50%的内容，10分钟后你已经忘记了90%。这是因为帮助你记忆的去甲肾上腺素在做梦时处于最低水平。因此，为了更好地记住一个梦，最好是在你醒来后立即写下来，在入睡前告诉自己想记住一个梦也会有帮助。在克里斯托弗·诺兰的奇幻电影《盗梦空间》（Inception）中，莱昂纳多·迪卡普里奥在某人的梦中植入一个想法，看似虚构的故事似乎又有些道理。

在做梦时，大脑故意与肌肉断开连接，这样我们就不会在现实生活中做出疯狂的举动，免除受伤的危险。大脑和肌肉切断联系的效果是如此强烈，以至于数吨重的大象以直立的姿势打盹儿，而在REM睡眠期却躺在地上。所以，做梦不过是在一个暂时瘫痪的身体里体验幻觉。

大脑和肌肉之间的连接究竟是如何被切断的，这仍然是一个无法解开的谜。不知何故，来自大脑的电流不再到达肌肉，就像指挥中心和接收器之间的电话线被暂时切断了一样。只有心脏、呼吸道和眼部肌肉继续工作，好像什么都没有发生过。

虽然感官几乎或完全关闭，但强烈的环境刺激，如电话铃声，仍然渗透并影响我们的梦。为了真实地唤醒我们，还需要更多的时间——家里的火警警报器之所以会高达100多分贝，是因为沉睡中人的嗅觉器官不再对烟雾颗粒产生反应。想象一下，如果不是嗅觉器官而是听觉器官完全失灵，那么报警器就得散发出臭鸡蛋的味道，这样才能在房子着火之前唤醒沉睡的大脑。

盲人也会做梦吗？那些非先天性失明的人当然会。他们在梦中能"看到"在失明前看到的画面。但是，先天性失明的人也经常梦见生活中的挑战，如迷路、被车撞或遗失自己的导盲犬，特别是与工作感官有关的经验，如触觉、味觉、嗅觉、听觉和视觉记忆。他们睡眠中的眼睛与视力正常的人的眼睛移动方式是一样的，这意味着大脑也在视觉上填充他们的梦境，尽管是以一种完全不同的方式，因为盲人没有视觉的概念。他们到底经历了什么，对我们和他们来说都是无法描述的。先天性失明者的大脑无法汲取与外界相关的视觉记忆。大脑视觉皮层的放电可能会产生斑点或闪光，甚至可能是彩色的，这与其他感官幻觉相辅相成。例如，一辆经过的救护车可能是一个从左到右移动的点。对胎儿的CT扫描也显示出其大脑视觉皮层的活动，因此胎儿在子宫里也可能做梦。

做梦也会释放出你心中的创造性。当你醒来时，可能有一个伟大的想法出现在面前。你终于想起了你找寻了一星期的那首歌的名字。我写在这本书里的一些想法就是在我早上醒来的时候诞生的。被蒙蔽的大脑皮层在其他方面显示逻辑和现实，因此在一定程度上压制了创造力，为原始意识展示出无拘无束的创造性和艺术性让路。

许多画家、艺术家和科学家声称他们的成名归功于一夜睡眠后的天才之举。例如，德米特里·门捷列夫（Dmitri Mendeleev）在梦中看到了化学元素的周期排列，他回忆说："在梦中，我看到一张桌子，所有的元素都按要求排列在那里。醒来后，我立即把它写在一张纸上。"

另一个故事是关于杰出的数学家斯里尼瓦萨·拉马努金（Srinivasa Aaiyangar Ramanujan）的。他于20世纪初在印度的贫民窟长大，在那里他自学了整个西方数学，并在几年的时间里为数学贡献了不少于4000条定理，至今仍影响着物理学的最困难领域，如超弦理论。他声称纳玛吉里女神出现在他的梦中，向他展示了数学等式公式。而谷歌的想法也是在梦中进入其创建者拉里·佩奇的脑海中的。

以类似的方式，致幻药物在刺激大脑中其他更有创造性的部分活动时，会使人昏昏欲睡。在LSD（一种麻醉药）的影响下，20世纪60年代大获成功的组合"海滩男孩"的创始人布莱恩·威尔逊创造了代表作《宠物之声》。但说实话，这种天赋当然在很大程度上还是与生俱来的。在同时期，美国陆军以士兵做实验，测试该物质以唤醒超能力，但随之而来的副作用、服用过量以及服用成瘾等问题使得实验被叫停。

在文学和电影艺术中有一种能迫使人说真话的麻醉药，可以令罪犯吐露实情。一些药物制剂，包括巴比妥酸盐，在较高的剂量下可作为麻醉剂，确实具有使人放松的效果，如果给犯罪嫌疑人使用这种药剂，他们可能在低防备意识状态下承认罪行。

　　手术前的全身麻醉也切断了大脑和肌肉之间以及大脑各部分之间的联系，尽管比起睡眠，这种链接的断开并不那么彻底。与全身麻醉的病人不同的是，当外科医生将刀刺入皮肤时，睡着的人会醒来，但是我们不知道具体原因。值得注意的是，在开展首次全麻手术180年后，我们对这一可能是有史以来最重要的医学发现仍然了解甚少。

　　可以肯定的是，人能够从药物引起的睡眠中最终自主醒来。昏迷的病人则不然，他们往往由于严重的脑部创伤，对环境刺激没有反应或几乎没有反应，不能再被唤醒。他们的大脑活动类似于接受麻醉的病人，就像大脑自己进入了深度睡眠状态。然而，意识在数小时或数年后才恢复，甚至可能再也无法恢复，而我们却不知道具体原因。

　　1990年拍摄的扣人心弦的电影《苏醒》是根据真实事件改编的，它很好地反映了关于大脑如何结束无意识状态以及如何再次走出无意识状态的过程。1969年，由演员罗宾·威廉姆斯（Robin Williams）扮演的马尔科姆·赛尔（Malcolm Sayer）医生，使用药物L-DOPA使昏迷多年的病人苏醒了。不幸的是，一段时间后，出现了严重的副作用，在强行停止治疗后，这些病人一个接一个地又陷入了植物人状态。无论是赛尔医生还是其他人，都无法使这些病人恢复意识。

　　除了麻醉和昏迷之外，还有许多其他介于睡眠和清醒之间的意识状态。在催眠中，催眠治疗师通过语言和其他重复性的刺激使病人进入某种恍惚状态，而不必施以注射或给予吸食睡眠诱导气体。当你在看电影、看书或做白日梦时，你会有类似的体验，非常专注，瞬间忘记了周围发生的事情。被催眠的人仍然能意识到他们周围的环境，因此治疗师能够让病人专注于她或他正在努力解决的问题。被催眠的大脑对在清醒状态下不会采纳的建议更加开明，例如，这可以帮助控制慢性疼痛或让吸烟者戒烟。

另一个奇特的现象是梦游，或叫梦游症。莎士比亚在悲剧《麦克白》的一个著名场景中介绍了这一现象，麦克白夫人在梦游中回忆起过去的恐怖画面。梦游只发生在非快速眼动睡眠阶段（rem），而在这一睡眠阶段我们通常不会做梦。梦游主要影响儿童，但也影响约3.6%的成年人，甚至可能更多，因为他们中的大多数对此都是毫无感知的，就好像没有发生过任何事情一样。

大脑活动监测显示，大脑中控制肌肉的那一部分将信息在不适当的时候发送给接收者，导致出现梦游现象。梦游发生在睡眠和苏醒的过渡中，当时间不对或者过渡不完全时，梦游的人可能会出现说话、坐在床上、走到另一个房间、吃点儿东西或自发地开始打扫地板等活动。通常情况下，梦游者不记得他们僵尸般的"游荡旅程"，因为他们处于深度睡眠状态。幸运的是，梦游通常不会造成什么后果，通过将房子设计成对梦游者友好的方式，可以避免事故的发生。陪同梦游者平静地回到床上，当然不要叫醒他，因为在深度睡眠中很难被唤醒，一旦被唤醒将会引起当事人的惊慌。

当然，在极少数情况下，当梦游者在做饭、开车、做有攻击性的行为或产生幻觉时，可能会产生危险的后果。曾有报道，有梦游者不幸从窗户翻出去之类的事情发生。这类问题会产生复杂的法律窘境，法院也难以裁决一个梦游者是否应对所犯的罪行负责。例如1987年在美国，23岁的肯尼斯·帕克斯（Kenneth Parks）声称，他在驾驶汽车行驶20千米并将其岳母殴打致死的全过程中处于梦游状态。最终，经过对其脑部扫描的彻底调查，加之缺乏动机和一致的证词，该案被归类为"杀人性梦游"，这引起了专家们的争议。然而，这仅是个例——你买彩票中奖的概率甚至都比你成为梦游犯罪者的受害者要高两倍。

目前仍不清楚人们为什么会梦游，不管是否伴有奇怪的行为，但与帕克斯一样，压力、酒精、缺乏睡眠、睡眠呼吸暂停和一些药物都会引发梦游。因为这些因素在一些家庭中很常见，人们推测是有一组基因出现了故障，导致大脑的短路。一些生物学家认为，梦游可以追溯到远古时代，在睡眠中保持大脑运动中心的有效运作会让原始人受益于此。如果人类在睡着时遇到一个饥肠辘辘却又欠谨慎的夜行捕猎者，就可以在它张开血盆大口之前被吵醒，并脱离虎口。

睡眠不足的影响

原本健康的年轻学生兰迪·加德纳［1963年，美国学生兰迪·加德纳（Randy Gardner）挑战连续数一百多个小时不睡觉，打破了吉尼斯世界纪录——译者注］。突然的、极端的不眠实验，这种现象在我们高要求、重负荷的西方社会中无处不在。有1/4的成年人的睡眠时间没有达到应有的水平，或者难以完整地睡足一个晚上。在通宵派对后要补觉几小时，以及由于医学、神经学或心理学问题导致的长期失眠都属于睡眠不足。后一类人包括经常3～4夜不睡觉的狂躁症患者，以及夜班工人和参战的士兵。在第二次世界大战中，过度疲劳的英国飞行员在完成长期任务后，于返回的途中坠机。新手父母在宝宝出生的第一年也平均减少500小时的睡眠，随着年龄的增长，人会失去更多的睡眠，部分原因是家庭药箱中的各种药品扰乱了睡眠模式。

睡眠不足的人都有两个共同点：注意力不集中和记忆力减退。睡眠越是不足，情况就会越严重。一个成年人在每晚睡眠时间少于7小时的情况下，只需要10天，大脑的容量就会明显减少。困乏感迫使你需要拼命努力地去记忆那些原本只需要眨眼工夫就能记住的事情，人也会变得越来越迟缓。对于谈判者来说，利用夜间进行谈判，可以说服过于疲惫的对方，以达成自己最初的目的，这成了一个众所周知的谈判技巧。

严重缺乏睡眠会使我们体内的动物性爆发出来。原始的、以生存为导向的大脑取代了大脑中高要求的学习和对外部世界的解释机制。你解决问题的能力、推理能力和洞察力都会受到影响，你会陷入一种基本的生存模式中。

未得到充分休息的大脑会对人产生极大的影响。通宵熬夜的人等同于血液酒精浓度为0.1%的人，一旦驾车上路，无论是对司机本身来说还是其他道路使用者来说都很危险。如果你过量饮酒，还会产生如下症状：言语不清、不自然的眼球运动、颤抖、疼痛敏感性增加和眼皮下垂。交通安全部门现在正在开发和测试可以测量睡眠激素褪黑激素浓度的设备，以便将来可以及时发现犯困的司机。

在可感知的身心疲惫症状的背后，睡眠不足带来的问题包括各种紊乱的身体机能。睡眠不足阻碍了身体的生理修复进程。生理垃圾被留在大脑的门口，未得到充分休息的"免疫卫士"无心抵抗入侵者，而过量的压力激素"皮质醇"会分解破坏保持皮肤柔软和光滑的胶原蛋白。其结果是：皱纹横生，黑眼圈，感染的风险增加，伤口愈合更慢。饥饿激素"胃泌素"以前所未有的速度在血液中流动，餐后的饱腹感来得更慢。因此，我们成了饥饿的"捕食者"，本能地吞食整袋薯片、油腻的汉堡包而非健康的沙拉。

睡眠不足甚至会改变你肠道中分解营养物质和帮助建立免疫力的微生物群落机能。你需要食用蔬果以应付这些单细胞的微生物，因为蔬菜中有促进大脑平静的物质。食用例如富含膳食纤维的蔬果，以及鳄梨、坚果、西红柿和香蕉中所含的多酚类物质，都会让你有一个更好的睡眠。

这也是睡眠专家的方法。首先，关注扰乱睡眠模式的根本问题，如不健康的饮食和生活习惯或者药物的副作用。在第二阶段使用促进睡眠的疗法。说到疗法，并非只有服药一种。缓解心理压力的冥想和改善睡眠健康的运动可以延长深度睡眠的时间，这是身体和大脑最重要的休息和恢复阶段。对于患有失眠或者常做噩梦的人来说，有一种创新的疗法——"排练疗法"，他们想象其他不那么可怕的结局对噩梦进行重新编译，从而在某种程度上控制他们的梦。

对于因一夜狂欢而昏昏欲睡的人或必须早起的人来说，"小憩"可以创造奇迹。在气候炎热地区，午间小憩十分常见。美国国家航空航天局（NASA）的飞行员因午睡25分钟，保持了长达两个小时的高度清醒。"NASA小憩"现在正式成为飞行员培训计划的一部分。丘吉尔、肯尼迪和拿破仑等杰出人物都热衷于小憩。但正如你所了解的，要从深度睡眠中醒来是很困难的。因此，对白天小憩的建议是，睡眠时间不超过30分钟，即在深度睡眠到来之前醒来，或者完成一个完整的90分钟睡眠周期，避免从深度睡眠中醒来。

一般来说，睡眠不足情况越极端，持续的时间越长，危及生命的疾病找上门的风险就越大，其中包括糖尿病、心血管疾病、癌症、抑郁症和肥胖症。反过来，阿尔茨海默病和帕金森病等老年疾病或者在某些特定的条件下会扰乱睡眠并进一步损害大脑功能。这给我们带来了另一个问题：除了人们刻意为之的熬夜或昼夜节律紊乱外，睡眠不足的生物学原因到底是什么？

2009年，研究人员在DEC2基因中发现了一种非常罕见的突变，这种突变允许携带者每晚只睡4~6小时，而不是正常的8小时。这些人按时睡觉，但在早上5点就能醒来。这个时间起床对一些人来说很容易，对另一些人来说则非常困难。通过将突变引入小鼠体内,研究人员发现卵白质DEC2使"唤醒激素"奥曲肽处于高水平。因此,睡眠在一定程度上是根植于遗传物质的。生活中的创伤而导致的应激障碍也会引发失眠。但是对于迄今为止已经确定的100多种睡眠障碍中的大多数,其根本原因仍然是未知的,就像睡眠本身一样神秘。我们仍然在黑暗中摸索。

失眠是那些在晚上难以入睡的状况的总称。"不宁腿综合征"患者在试图入睡时感到有一种莫名其妙的冲动要移动他们的腿,但他们本身是无意识的。这种情况在儿童中特别常见,但父母们普遍认为这是孩子的夜间恐惧症。他们会突然从没有记忆的深度睡眠中尖叫着醒过来,但与噩梦相比,他们第二天并不记得任何事情。

在嗜睡症患者中,向大脑发送"唤醒信号"的一小群神经细胞会死亡,原因尚不清楚。即使是白天,一个强烈的刺激,如大笑或哭闹,也会使他们不受控制地瞬间陷入快速眼动睡眠期,有时会完全失去肌肉张力。

除了交通事故之外,长期睡眠不足可能永远不会威胁到生命。但有一个例外是非洲昏睡病,这是一种由采采蝇传播的寄生虫引起的潜在致命的神经系统疾病。在被采采蝇刺伤后的几个月到几年里,如果不进行治疗,病人会进入深度昏迷,死于严重的并发症,如心力衰竭。多年来,对采采蝇的控制使受害者的数量急剧减少,但该疾病尚未被消除。

另一个例外是1986年发现的非常罕见的传染性疾病——致命的遗传

性失眠症。美国畅销书作家D.T. Max在他的侦探小说《睡不着的家庭》中描述了一个意大利家庭的悲剧，这个家庭被这种综合征困扰了两个多世纪。第一个受害者据说是一位威尼斯医生，他在1765年死于"心包的有机缺陷"。在20世纪，许多他的后代的死亡都被误认为是脑膜炎、酒精中毒或高血压引起的。家庭成员之一阿苏塔有一天在下公车的时候，被一股寒意穿透整个神经系统，体重只剩35千克的她在6个月后被自己的唾液呛死了。

另一个类似的故事发生在20世纪50年代的巴布亚新几内亚。这种疾病被命名为"库鲁"，当地方言指的是伴随着无法控制的爆笑声而产生的颤抖。事实证明，部落成员会煮沸受感染的死去的亲属的大脑，并在祭祀仪式中吃掉它们，由此导致了这种不治之症的传播。由于潜伏期很长，这种疾病直到2009年才被根除，也就是在这种吃人行为停止50年后。

最后，美国研究人员斯坦利·普西纳发现了一种异常折叠的蛋白质是这两种疾病的罪魁祸首，他因此获得了1997年的诺贝尔医学奖。这些所谓的朊病毒积聚在神经细胞中，在那里它们像胶带一样粘在各种其他蛋白质上。神经细胞死亡，大脑变成一个类似奶酪洞的结构。由于仍然无法解释的原因，大脑的睡眠中心出现问题，而附近调节其他重要功能的区域也是如此。睡眠成为一种不可能，身体失去了对自身的控制。6~30个月后，受害者会陷入昏迷状态，死于器官衰竭而不是睡眠本身。在致命的遗传性失眠症中，一个控制朊病毒产生的基因发生了突变，根据遗传规则，每两个意大利家族成员中就有一个受到影响。

朊病毒导致的疾病还包括疯牛病和克雅氏病，是在食用了受感染的牛肉后导致的一种致命的人类脑部疾病。20世纪80年代，当疯牛病在牛群中局部爆发后，英国被迫宰杀了440万头牛。但损害已经造成，仅仅8年之后，出现了第一批克雅氏变异体患者。他们睡眠不规律，经常做噩梦，并在一年内死于严重的痴呆症，有几十人因此而丧生。欧盟现在有非常严格的措施来防止感染，幸运的是，从那时起这种疾病已经很少见了。

除了这些不幸的人，生物学总是归结为同一件事：当你的身体能量满格时，它的性能是最好的——你最好尊重这一点，否则迟早会因此付出代价。一部只充了一半电的智能手机会很快关机，令它的主人叫苦不堪。同样，你的大脑是一台珍贵的搜索和输出机器，应当得到你最大的关爱与保护。

第三章

高海拔地区对身体有什么影响？

2007年2月14日，巴西弗拉明戈（Flamengo）足球队在客场玻利维亚进行一场南美杯比赛，对手是来自高海拔安第斯山地的皇家普托斯（Real Potosi）。球场位置海拔3800米，并且赶上滂沱大雨，弗拉明戈队开始时以0：2落后，疲惫不堪的巴西队员甚至需要瓶装氧气来减轻高原反应。尽管最后弗拉明戈队终于扳回到2：2平局，但他们在赛后声明，将不会再在高海拔地区参加长时间的比赛。

足球协会FIFA出面，取消了海拔2500米以上的国际比赛。由于玻利维亚、厄瓜多尔和哥伦比亚等地处高海拔的国家提出抗议，于是，技艺高超的马拉多纳（Diego Maradona）在47岁时与当时的总统、业余足球运动员莫拉莱斯（Morales）一起，在世界海拔最高的首都拉巴斯（La Paz）的埃尔南多·西莱斯（Hernando Siles-stadion）体育场进行了一场足球比赛，以证明"如果他在这个年龄可以做到，那么其他人也可以"。国际足联最终在2008年解除了禁令，结束了体育界著名的"高原足球争议"。

作为巴西甲级联赛第一梯队的球员，他们的身体素质优秀，怎么会在高海拔地区比赛时有如此艰难的经历呢？当我们在冬天穿上滑雪板去挑战高山时，这对我们意味着什么？高海拔地区对我们有什么影响，身体能适应吗？如果可以，该如何（快速地）适应？在高海拔地区出生和长大的人，就像勇敢的夏尔巴人，他们为什么可以不知疲倦地给攀登珠穆朗玛峰的冒险家当向导？

富含氧气的空气是生命的燃料

虽然我们周围的空气看不见摸不着，但有着数十亿不可见的粒子不断地纵横交错。地球的引力足够大，使空气粒子聚集在表层，从而将我们的星球包裹在薄如蝉翼的大气层中。大气压力是一种几乎恒定的力量，它是空气粒子与地球表面或静止或移动的一切事物碰撞所产生的。你感觉不到这种气压，因为它与你脑部的压力一致。在压力轻微变化的情况下，如强风，短时间累积的颗粒会使人体发生震动，甚至能驱动风车，继而产生能量。飞机就是这样在平流层中的由粒子构成的表面上滑行。

正因为我们的空间并非真空，所以声音可以像移动的波浪一样，通过把粒子聚集到一起而产生传播。一个声源给了这些粒子一个方向和300千米/时的速度，然后它们就进入下一个粒子，不断重复，直到所有的能量都在摩擦中消失。声波与鼓膜相撞，震动内耳中的晶圆状毛发。这种机械运动被转换成电信号，小脑中的控制室对其进行解释，并与脑海中已存储庞大的声音库进行比较，从而将它们完美地同步于我们用眼睛看到的影像上。

一个功能完善的人耳可以探测到频率在20 ~ 20 000赫兹之间的声波，

赫兹是表示每秒振动次数的国际标准单位。在19世纪的一个实验中，伦敦一家乐器公司敲打一个巨大的鼓，产生了低于20赫兹的不为人耳所听到的声波，但从在场的观众被撩动的衣服仍然可以观察到空气的位移。

当你离开大气层进入没有粒子的无限宇宙时，因为没有气压，已适应了现有大气压力的身体会直接爆裂。这就是为什么航天员在进入浩瀚的宇宙时要穿上特殊的压力服。在宇宙真空中，你也听不到任何声音。雷德利·斯科特（Ridley Scott）在他1979年的电影《异形》中有这样一句著名的台词："在太空中，没有人能听到你的尖叫。"在电影场景中展现远处航天飞机的爆炸，也应该是听不见声音的。

那么，空气中到底有什么呢？我们知道，氮气和氧气分子式分别是N_2和O_2，分别占空气的79.04％和20.93％，占你所呼吸的空气中的绝大部分——无论你是在奥斯坦德（Oostende——比利时海滨度假区——译者注）的海滨散步，还是试图攀登阿尔卑斯的勃朗峰山顶，大气层下层的空气成分都是一样的。变化的是气体分压，或者说相同体积的空气中的粒子数量。

想象一下，空气是一个80千米高的球池，其中氮气是蓝球，氧气是红球。在相同体积的空气中，在任何给定的高度，80％的球总是蓝色的，20％总是红色的。在最底部，由于重力，红色和蓝色的球被推到一起的情况最常见。你爬得越高，它们就越是不会被挤压，空气压力就越低。蓝球和红球的比例不会改变，但随着你的攀登，蓝球的数量会减少。如果你在山顶上盖紧一个塑料瓶，随着你的下降，瓶子将逐渐扁塌，因为瓶子的外壁碰撞的粒子比在内侧碰撞的粒子多。相反，来自低海拔的密封的除臭剂，在高海拔地区会突然爆炸。

因此，每爬升1米，你在同样的空气中吸入的氧分子就会减少，因为同样体积的空气中氧分子的数量更少。在5000米高的珠穆朗玛峰大本营，氧气的分压只有海平面的一半；在山顶，只剩下1/3。高海拔对身体是有影响的，因为我们的身体只有在氧气充足的时候才能正常运转。

氧气是人体可自由获得的、免费的生命燃料。作为一个成年人，你每6秒钟就会填满你的燃料箱，即胸腔内的肺。每天，你通过这样呼吸约21 600次，使氧气充满你的肺部，吸入共计达40千克氧气。你通常不会想到这一点，因为自主或不自主的神经系统会独立驱动呼吸。你可以有意识地控制自己的呼吸，例如根据指令屏住呼吸，但过了一段时间，不自主的神经系统就会摆脱你的控制，再次拿下呼吸的主动权。

在肺内，气管在两侧分支成越来越小的管道，就像一棵倒挂着的枝丫纵横的树。在这个高度分支的气道网络的两端，富含氧气的空气流入数以百万计的肺泡，这些挤在一起的体型微小的肺泡，总表面积相当于半个网球场。在肺泡的另一侧，毛细血管，即细胞壁只有一个细胞厚的超薄血管，将自己包裹在气囊周围，以方便气体交换。

一种交换发生了：氧气从吸入的空气中进入血液中，而体内的废弃物，特别是二氧化碳，经过血液排放到肺部的空气中。肺部在呼气时以气体形式排出的废物的重量占身体垃圾总量的70%。

在血液中，血红细胞携带氧结合剂——血红蛋白，这也是使血液呈现红色的色素。你可以把血红蛋白看作是一辆出租车，把氧气送到目的地。通常情况下，所有可用的"出租车"中至少有98%被占用。这个数字是氧饱和度，是医院病床旁监测计发出哔哔声中的重要参数之一。当氧饱和度急剧下降时，血液会变成暗红色，嘴唇和指甲等会变成青蓝色。医生们所说的发绀就是缺氧的一个重要标志。

就像发动机将化石燃料转化为推动汽车前进的能量一样，身体的每个细胞在氧气的帮助下不断将糖和脂肪转化为能量，推动我们的身体运转。除了二氧化碳，糖和脂肪的燃烧也会释放出热量，用于加热身体躯干，使之达到最佳的36.8℃。

重要器官，特别是耗费能量的大脑，需要氧气。即便是有轻微的缺氧情况，它们也会停止正常运作，没有氧气只能存活数分钟。因此，身体尽其所能，随时为我们的每个个体提供足够的氧气和热量，如果有必要的话还会牺牲身体的非必要部分。因为只有这样，大自然才能保证将遗传物质传递给下一代。身体四肢，如手指、脚趾和鼻子，首先受到这种无情生理法则的影响。在这种进化的压力下，身体已经建立了各种反射和机制，以保证即使在氧气匮乏的时候，重要器官也能得到氧气供应。

关于高海拔地区的缺氧问题

一个习惯于生活在平坦的弗莱芒地区的人,在1500～2000米的海拔高度会吸入较少的氧气,身体发生明显的变化。分布在血管中的特殊测量装置记录了氧气摄入量的减少,并给神经系统拉响警钟,通知即将发生的氧气短缺。身体随即做出反应,反射性地呼吸得更快、更深,试图吸入尽可能多的空气,从而让氧气进入最深的肺泡。

低氧浓度也使充满贫氧血液的肺动脉收缩,心脏不得不在肾上腺素的影响下更快更有力地跳动,以抑制重要器官中的氧气压力。此外,每跑1000米,外界的平均温度就会下降约6℃,需要更多的氧气来保持温暖。新陈代谢加快,肌肉蛋白质分解以产生更多热量。神经系统忙于调整氧气的摄入和再分配,以至于进食的欲望减弱,饥饿的感觉被抛在脑后。因此,登山者需要不时地进食,即使他们不觉得饿。

因此,在高海拔地区,第一个也是最重要的问题是氧气供应低于正常水平。在一个低氧浓度的环境中,相应地有更多的氧气被用来维持身体的基本功能,如心跳、大脑运转和其他重要器官的运转,而用于体力工作的氧气则较少。爬得越高,体能消耗就越慢,爆发力就越差,就越容易疲惫。所以,如果你想以破纪录的速度到达一座山峰,或者像巴西足球运动员那样在数千米高的地方持续进行比赛,就会变得很困难。

有一些用于扩张支气管以快速增加氧气摄入量的药物，医学术语为"支气管扩张剂"。其中一种是肾上腺皮质激素类，包括人体产生的可的松，以及合成的药物泼尼松和泼尼松龙。服用这些药物可以放松气管周围的肌肉，从而有利于氧气的摄入。医生经常给过敏性和哮喘病人开这类药。同样的药物剂量会对健康的人产生像兴奋剂一样的作用。在1950年，也就是发现肾上腺皮质激素后不到10年，第一批自行车运动员已经开始服用这种药物。皮质激素最终在20世纪70年代末被列入国际自行车联盟（UCI）禁用的兴奋剂名单。不幸的是，当时还没有足够准确的测试来区分人体自身产生的激素与人工合成的激素。在1999年的环法自行车赛中，在包括兰斯·阿姆斯特朗在内的26名骑手的血液中发现皮质激素浓度过高。其中23人表示他们使用了药物，但阿姆斯特朗否认自己服用了药物。他将兴奋剂阳性结果归因于他用于治疗马鞍疮的含有可的松的护肤霜。

另一种减充血剂是克伦特罗，也是一种瘦肉精，最初是用于马的抗哮喘药。2010年9月30日，这种禁药将阿尔贝托·康塔多变成了"狗熊"一般狼狈，并使他失去了当年的环湖赛。在一次集体出席的新闻发布会上，受到严重影响的康塔多在一堆记者面前形容自己每毫升血液中只有0.000005克克伦特罗的量。对于没有医学经验的大众来说，这个量似乎是惊人的低，但这恰恰是这种激素物质具有活性的浓度，它的有效剂量就好比奥林匹克游泳池中的一滴水。康塔多本人表示，这是在吃了送来的受污染的西班牙牛排后的一个不幸的巧合。具有讽刺意味的是，他在职业生涯结束后却成为一名坚定的素食主义者。

与其他运动一样，自行车运动不时发生兴奋剂丑闻。虽然使用兴奋剂对比赛发挥的影响相对较小，但在耐力运动中，它们可能会对谁最先冲过终点线产生影响。国际体育联合会正在尽力界定具有医疗目的的常用抗过敏药物与真正的兴奋剂之间的界限。这是一个棘手的问题，因为许多顶级运动员都有哮喘病。例如，2004年雅典夏季奥运会上有4.6％的运动员说他们患有某种形式的哮喘。今天，对药品的使用有严格的规定，有时干脆禁止使用。使用兴奋剂更危险的结果是长期使用带来的副作用。例如，长期使用皮质激素会削弱免疫系统，增加感染、心脏病、痤疮甚至行为改变的风险。

言归正传，回到之前聊的高海拔地区。通过大口呼吸运动，你呼出二氧化碳，吸进氧气。由于二氧化碳是一种酸性气体，血液中的碱性物质（在化学中也称为碱性物质或碱）的比例就会相应增加。碱性物质，如碳酸氢盐和酸是完全对立的两种物质。它们在血液中累积，就像浴室瓷砖上累积的钙质沉积物。碱性物质的浓度过高会干扰重要器官的正常功能。因此，身体通过肾脏排出多余的碳酸氢盐。乙酰唑胺等药物是治疗高原反应的常用药物，可以帮助肾脏更快地通过尿液排出碳酸氢盐。

同时，你还会失去更多的水分。因为在干燥的山地空气中，汗水会快速蒸发，而且通过快速呼吸会失去比平时更多的水分。脱水速度越快，肾脏的压力就越大。因此，登山者即使不出汗也经常喝水，透明的尿液是一个很好的判断身体缺水与否的指标。正如乔恩·克拉考尔（Jon Krakauer）在他的畅销书《进入空气稀薄地带》（*Into Thin Air*）中所写的那样，干燥的空气加上急促的呼吸会导致"高海拔咳嗽"，其威力之大有时会使肋骨断裂。该书讲述了罗伯·霍尔和他的探险队在1996年登顶珠峰的艰难经历。

爬得越高，氧气越少，身体的反应就越严重。你的身体处于持续的、强烈的压力之下，随着用于运动的氧气越来越少，一切都变得越来越困难。未经训练的登山者随着速度的加快和时间的延长，很快就会达到他们的身体极限。从2500米开始，也就是受很多人欢迎的最佳滑雪海拔高度，普通人的体力就会下降，老年人和患有心脏或肺部疾病的人的体力甚至会下降得更快。在5000米以上，氧气含量下降到危及生命的程度。从8000米开始，你就进入了冰冻死亡区，其中包括喜马拉雅山的14座山峰。登山者在到达珠穆朗玛峰顶之前的最后几百米，会像热得难受的狗一样喘息，每走一步都需要半分钟。在9000米以上，生存的机会为零，或者，更正确地说，几乎为零。1969年6月3日，当时17岁的阿曼多·索卡拉斯·拉米雷斯爬进了一架DC-8喷气机的起落架舱，这架飞机从哈瓦那飞往马德里全程耗时8小时20分钟，在9000米的高空飞行。飞机一落地，阿曼多的身体就落到了地上，发出一声沉闷的响声。幸运的是，阿曼多在气温低至-40℃的情况下，在9000千米的旅程中幸存下来，这要归功于医生所说的"冰冻效应"：他冰冷的身体耗氧量急剧下降，可以在某种冬眠状态下生存数小时。

如果你认为这是一个超自然的例子，那么我想介绍一下印度的鹅。为了在青藏高原的高山池塘上度过繁殖季节，这种浅灰色的水鸟每年都要翻越喜马拉雅山的山峰，这是一项异常艰巨的任务，它们却能顺利完成。它们的血红蛋白比我们的血红蛋白结合更多的氧气，加上它们的大肺和气囊，它们的呼吸更深更快。在模拟12 000米高空氧气条件的实验中，印度鹅甚至仍可以直立起来，而在这个高度，我们人类只需15秒就会失去知觉。

氧气压力过大引发的急性高原病

如果你上升速度太快，你可能会产生急性高原反应，也就是垂直版的晕车。早在公元前30年，中医就注意到，许多穿越喜马拉雅山脉的跋涉者脸色苍白，有头痛和呕吐的症状。最常见的是头痛，这促使当时的人将附近的一座山峰命名为"大头痛山"，另一座命名为"小头痛山"。有的人还会出现其他病症，包括呼吸急促、失眠、昏昏欲睡、腿部肿胀和类似流感的症状。此外，经过这里要注意脱水和雪盲，因为反射的太阳光确实会灼伤覆盖眼睛晶状体的角膜。幸运的是，损害是暂时的，但非常痛苦，没有视力就不能继续走湿滑的山路。由于免疫系统被削弱，感染的风险也会增加。高原反应的症状从到达高海拔后的6小时内开始出现，通常持续几天后会消失。这时往低海拔处走是最有效的方法。当海拔超过5000米，可能会出现危及生命的后果——肺部或脑部水肿，水分从血管渗入肺部和脑部组织并积累起来。极度疲惫、压迫性胸痛、精神错乱和幻觉在攻克更高海拔的2～4天开始出现。严重的高原反应甚至可能是致命的，因为专门的医疗协助往往离得很远。

美国微生物学教授鲁斯特姆·伊戈尔·加莫因此发明了加莫袋。这个充气袋可以容纳一名患有高原病的登山者。这是一个密封袋子，从外面的一个泵向其注入空气，模拟从3000米到1000米的快速有效下降，从而使患者的状况明显改善。

有的人会有高原反应，有的人却没有，原因仍然是一个谜。可以肯定的是，未受过训练的登山者在过快攀登中、高山峰时，会产生高原反应。基因也有影响，这可能解释了为什么不是每个人都能在短时间内应付高海拔地区，就像不是每个人都是歌唱家一样。

某些条件和不良习惯会增加高原病的风险。患有慢性肺部疾病的老年人要么呼吸的空气量较小，要么他们的肺泡功能较差，无法交换氧气和二氧化碳。二手烟是慢性肺部疾病的另一个主要原因。香烟烟雾中的7000种有害物质的混合物，包括一氧化碳，会阻碍血液中酸的结合，使器官处于缺氧状态。另一方面，遗传性疾病地中海贫血症的患者身体产生的血红蛋白非常少，以至于即使在海平面上也很难进行体力活动。

高度变化非常快的一个特殊后果是气压创伤，即在飞机上会出现的恼人的爆耳现象。对于健康人来说，旅行时间太短，不会出现高原反应的症状，但中耳可以感受到压力的快速变化。中耳与鼻窦和鼻子相连。鼻窦是头骨中充满空气的空腔，可以减轻头部的重量并产生杀死细菌和病毒的黏液。中耳与外界的唯一联系是松弛、狭窄的咽鼓管，这个部位意大利解剖学家Bartholomew Eustachius通过解剖发现。它在嘴的后面出口，让空气从两个方向通过，以调整中耳和鼻窦的压力，使之符合环境空气压力。你在吞咽或打哈欠时听到的"咔嚓"声是气泡通过咽鼓管从中耳到达口腔时产生的。在飞机上，机舱压力相当于海平面以上2400米的气压。在一个上升的平面上，迅速下降的压力在听道和被困在中耳的空气之间产生了压力差，从而将鼓膜拉向一边，产生沉闷的感觉。鼻子、喉咙和鼻窦肿胀的过敏或呼吸道感染会使气流通道更加狭窄，导致疼痛、听力低下和更高的感染风险，从而损害耳膜。

抗组胺药（抑制过敏反应的药物）、感冒药或吸入水蒸气会有奇效。如果你出发前忘记了这些，还有一些诀窍。第一种是瓦尔萨尔瓦动作，即闭上鼻孔，轻轻地鼓气，以释放空气而不撕裂耳膜。汤因比手法是指在喝水时捏住鼻孔，使口腔内较低的压力将空气从中耳室拉出。在上升和下降过程中，咀嚼一块口香糖或打哈欠，可以放松咽鼓管周围的肌肉，让更多的空气通过。

通过训练适应环境

只有通过训练、身体适应和耐心的结合，才能预防高原病的发生。国际足联最初决定，在较高水平的比赛中，客队可以有一到两周的时间来适应环境。如果健康的巴西人在2007年的消耗战中提前一两个星期到达玻利维亚，他们可能会踢得更好。对高海拔地区的适应性在短短几天后就开始了，这是由于人体有在缺氧的环境中逐渐扩大自己的生理界限的巨大能力。这种情况发生的速度因人而异，取决于你的情况、体质、遗传和任何潜在的疾病。快速呼吸和深呼吸仍然存在，但与此同时，血红蛋白水平和每单位肌肉质量的血管数量正在稳步增加。在循环的血液中，有更多的空间让氧气结合，而且有更多的供血路线到达身体细胞。由于血液有更高的含氧量，心脏可以缓解压力。

促红细胞生成素是一种由肾脏产生的糖蛋白，促红细胞生成素（EPO）通过血液到达海绵状的骨髓——位于肋骨、骨盆和胸骨等空心骨的内部。乍一看，你可能会认为骨头是没有生命的支撑材料，用来支撑身体对抗重力，但事实并非如此。在内部，它们充满了生命力。未成熟的干细胞群在这里茁壮成长，在激素信号的影响下，它们成长为各种专门的细胞，包括一些类型的免疫细胞和血红蛋白。促红细胞生成素刺激骨髓中的干细胞形成更多的红细胞。每升血液中有50亿个，红细胞占所有身体细胞的70%，占血液体积的45%，这一数值被称为"血细胞比容"。随着海拔的升高和停留时间的延长，血液中的血细胞浓度也在增加，在这种情况下，血细胞在一段时间后会上升到一个新的、更高的数值。这意味着血红蛋白的绝对数量更大，因此氧气容量也更高。

然而，长期使用高浓度人工环氧树脂并非没有风险，因为红细胞越多，血液的黏稠度就越高，从而增加了血栓的风险。从某个阈值开始，心脏也会更加努力地工作。生理适应有其极限，你越是考验自己的身体，以后付出的代价就越高。长期使用EPO会使僵硬的心肌变厚，以至于长期流速变得很低，威胁到生命。这是长期连续生活在高海拔地区的人所患的慢性高原病。由于EPO提高耐力的高效率，这种药物迅速在自行车、跑步和划船等耐力运动中受到欢迎，这并不奇怪。1998年环法自行车赛期间，药检人员发现菲斯蒂娜（Festina）车队内部有数百份的服用EPO的样本，这是公众第一次接触到EPO这种兴奋剂物质。兰斯·阿姆斯特朗（Lance Armstrong，著名自行车运动员）也承认，他在自己的辉煌时期服用了EPO。直到2000年悉尼奥运会，人们才可以通过可靠的血液和尿液测试检测出人工环氧树脂。

适应了海拔的肌肉产生的废物更少，分解得更好，更好地排列起来的肌肉纤维能更有效地工作，更节约地使用氧气，提高了效率。肌肉还含有一种结合氧气的色素——肌红蛋白，它在原地抓取氧气以更好地工作。特殊肌肉酶的生产增加促进了有氧呼吸，从而能更长时间和更有效地提供能量。未受过训练的身体在进行爬山等重体力运动时，往往会切换到无氧或非氧代谢，因为从中汲取能量更容易、更迅速，时间更短。之后你还会以积累的废物乳酸的形式付出代价，乳酸会使血液酸化，使身体更难从重体力运动中恢复。

为了给登山做好准备，最好安排一些训练周期，这也是运动员为艰苦的比赛做准备的方式。在休息时，身体能适应低海拔地区的缺氧，但在高海拔地区，身体会暂时受到考验。现在，专业运动员还可以在他们的卧室里搭起一个海拔帐篷，模拟高海拔地区的氧气水平。如果你要在3000米处滑雪，最好是住在高海拔处的小屋。如果你想征服高峰，最好是有良好的身体状况，但建议每天爬升的高度不要超过300米。

尽管人体有这些伟大的适应机制，你在高海拔地区的消耗能力始终低于在低海拔地区。只有短距离和爆发力强的运动，如短跑或跳远，由于空气阻力较小，做起来比较容易。在1968年墨西哥奥运会上，鲍勃·比弗里（Bob Beamon）创造了8.95米的世界跳远纪录，这一纪录此后几十年都没有被打破。美国作家迪克·沙普（Dick Schaap）用一整本书来描述他所谓的完美跳跃，比弗里私下里还将他的优异表现归功于较低浓度的空气微粒。在2240米的高海拔地区，这些微粒使他的速度比平时更快。

气压也可以决定持续时间稍长的运动项目的结果。1972年4月16日，在海拔约2300米的墨西哥城的自行车道上，空气稀薄，自行车传奇人物艾迪·默克斯（Eddy Merckx）骑了49.431千米，从而打破了当时的世界纪录。布拉德利·维金斯（Bradley Wiggins）在2015年以54.526千米的成绩成为新的世界纪录保持者，但事实证明，如果那天的气压不是那么高，他还会多骑1200米。今天，官方的世界纪录是55.089千米，由比利时人维克多·坎佩纳尔特（Victor Campenaerts）保持。

高海拔地区的人如何适应环境

世界上只有少数人居住在高于2000米的地方。1998年的一项大规模研究计算出，在当时的60亿人口中，有1亿人生活在海拔2000～2500米的地方，即不到全世界人口数的2%；而生活在500米以下的人口有40亿。在5000米以上，永久的生命几乎是不可能的，就连未出生的胎儿，如果得不到足够的氧气，也无法进行正常的肺部和大脑发育。高海拔地区也不利于农作物生长。纪录保持者是中国的藏族人，他们偶尔会在高达5300米的海拔高度上待很长时间。

拉林科纳达海拔5100米，拥有5万名居民，是地球上最高的城市，紧挨着秘鲁安第斯山脉的一个金矿。相比之下，乞力马扎罗山的山顶只比一个哈利法塔的高度高。这座城市几乎没有交通，没有从附近城镇出发的定期巴士，没有电和水。由于黄金价格飙升，最初的临时定居点多年来不断扩大。高海拔地区出生和长大的人有时具有特殊的身体能力，比如散居在喜马拉雅山两侧的夏尔巴人。研究员丹尼·莱维特（Denny Levett）亲眼看见了这一点，当时一名夏尔巴人在两个小时内下降了2000多米，而且还有时间喝杯茶，即使对训练有素的珠穆朗玛峰登山者来说这也需要一天时间。

通过调查夏尔巴人与生活在低地的有经验的登山者，人们发现夏尔巴人的细胞内有高效的能量工厂，分布广泛的血管，为器官提供大量的血液，而且与正常的登山者不同，他们的血液的流速始终很高。由于其巨大的肺活量，他们在休息和运动时都能吸收大量的氧气。

在缺氧环境中成长和生活的人具有这些天然的身体适应性，其中部分来自100多个与有氧代谢有关的基因缓慢进化的结果。在藏族人中，发现了EPAS1基因的一个变体，他们从丹尼索维亚人那里继承了这一基因，这是一群在3万～5万年前灭绝的神秘人形生物。这种"超级运动员"的基因归功于可以缓慢促进红细胞的增加来提高运动能力的功能，因而不会出现血细胞比容过高的副作用。

研究生活或流连于高海拔地区的人，可以为慢性肺部疾病患者和因创伤而大量失血的人提供治疗方案，那就是帮助患者吸入更多的氧气。将高海拔地区的生存经验带入医院的治疗，永久性缺氧的人将来就可能摆脱疾病困扰。有时一个治疗方法是偶然被发现的。在19世纪末，阿尔弗雷德·诺贝尔（Alfred Nobel）每天都会去他的炸药厂。由于心脏冠状动脉堵塞，他的健康状况很差，很快就喘不过气来，每天一用力胸部区域就会出现放射性疼痛。但每当他进入充满硝酸甘油烟雾的工厂时，疼痛就像变魔术一样消失了。后来的研究表明，低剂量的硝酸甘油物质在血液中被转化为血管扩张剂，从而暂时增加了氧气供应。今天，医学上给因心力衰竭饱受痛苦的心脏痉挛（心绞痛）患者使用小剂量的硝酸甘油喷雾剂或膏药，这一治疗方案正来自诺贝尔的公司用来爆破的物质。

人们正试图揭秘生活在高海拔地区是否对健康有长远的危害。就目前而言，结果是矛盾的，并且主要因研究主体不同而存在差异。因为种族、行为和环境因素也影响身体健康。生活在低海拔地区的人患癌症和某些心血管疾病的风险似乎更低。此外，高海拔的生活令呼吸道感染更频繁，有肺部疾病患者的风险也增加。但生活在高海拔地区到底是好是坏，这件事还没有最后定论。

第四章

食物对身体
有什么影响？

2010年一个寒冷的冬日，5名医护人员赶到英国小镇伊普斯维奇的保罗·乔纳森·梅森（Paul Jonathan Mason）的家中救援。梅森重444.5千克，是当时世界上最重的人，他被限制在一张巨大的床上已经3年了。他当时正处于致命的危险之中。在他的日常生活中，梅森每天消耗近20 000卡的热量，比普通人多8倍。他的日常饮食包括40袋薯片和20根巧克力棒。他后来接受了缩胃手术，成功减掉了272千克，但没过多久他就陷入了抑郁，此后又恢复了老样子。

梅森绝不是唯一一个因不平衡的饮食和超重而损害健康的人，这些人往往都无限制地获取种类繁多的食物。而且我们的食物多年来变得越来越富含糖分、饱和脂肪和各种添加剂，社会上也因此出现肥胖大流行。肥胖往往会给生活质量和精神健康带来负面影响。面对这些问题，人们对食物是什么以及它对我们的身体有什么作用有了更多的研究，在烹饪创新和各方面认识的推动下，人们越来越认识到平衡饮食的意义 。

食物影响着我们的行为，并不断改变我们的体型和身体的功能。因此，你可以把营养看作是一个环境因素，使身体受到考验。正如你每天都需要阳光，或者只有在核心温度为36.8℃时才能正常工作一样，平衡的饮食提供了必要的营养物质，使日常的身体活动得以进行。什么是营养？营养是如何影响人体的？消化系统如何处理我们摄入的一切？哪些基本营养素有助于健康的身体？它们控制哪些身体过程，以及你需要多少？素食、蛋白质和酮类饮食都同样健康吗？糖尿病患者为什么要注射胰岛素？营养不良和肥胖对身体到底有什么影响呢？

为什么要吃和喝

对于"我们为什么要吃和喝"这个问题，答案似乎很明显：我们从食物和液体中获得能量和营养物质，帮助我们的身体生存，并使它们能够寻找健康的伴侣，以确保维护遗传物质的稳定。我们每天花几个小时寻找能量较低的食物，希望在一天结束时重新获得能量平衡。因此，寻找并摄入富含能量的食物在大脑中打下了深深的烙印，这是我们生存的动力之一。

在当前这个世界，对于这个问题的答案可能更加复杂。对富含能量的食物的渴望不再仅仅是由暂时的热量不足所驱动的，而且还受到心理、社会和文化的影响，这些影响已经把食物和食物烹饪变成了一种商业行为。来自世界各个角落的烹饪书、各种美味和餐厅在我们身边狂轰滥炸。同时，在繁忙的生活中，方便、简单、快捷的快餐也让我们失去了对健康和膳食的关注。商店货架上各式各样的加工食品，不仅热量高、营养少，还充满了刺激味蕾的添加剂。

能源消耗和吸收之间的微妙平衡总是危险地向着吸收一方倾斜。由于生存的冲动是一种原始力量，大脑将每一卡热量视为一种奖励。其结果是：一个没有方向感的智者是厨房里的高手，贪婪地享用各种美食，通过有效地储存多余的糖和脂肪，为可能的食物短缺做好准备。

在我们研究这些是如何改变人类健康之前，我们首先应该看看我们吃什么，以及身体如何消化。从生物学的角度来看，人类和大多数哺乳动物一样，是一种杂食动物。我们在解剖学上是适于吃各式各样的动物和植物的，这在恶劣的自然环境中是极为有利的，因为这两种食物来源并不总是一起提供。我们既有锋利的前牙和犬牙，可以切割坚硬的肉，又有大臼齿，可以将坚硬的植物材料磨碎。

复杂的消化系统占据了人类身体内腔的相当一部分——一个从嘴到肛门的9米长的"管道"，其作用是把你一开始摄入的食物消化成身体可以利用的简单成分，再把不能消化的剩余物从另一端排出。这是一个非常复杂的过程，10个不同的器官和20多种细胞类型必须一起协作，在你的一生中把30吨的食物变成生命燃料和构建身体的材料。

从你最喜欢的一口食物开始，在它进入消化系统中的30～40小时的旅程之前，身体内部已经发生了很多事情。空腹以电和激素信号的形式向大脑发出即将出现能量短缺的信号。消化系统的肌肉剧烈收缩，引导前一餐的最后残余物进入肠道，形成一个空腔，同时还会发出咕噜咕噜的声音。血糖水平也开始下降，减少了对大脑的燃料供应，从而阻碍了理性的决策，所以那些空着肚子去购物的人结账时往往是提着一个装满非必要食物的购物篮。诱发的饥饿感与内部生物钟密切相关，生物钟每隔一段时间就会提醒我们必须进食。但是一个简单的触发因素，如气味、看到食物或只是想象，就足以引发饥饿的感觉。说不定你在阅读本章时，也会禁不住来点儿小点心，我对此不会感到惊讶。

在进餐前，消化系统已经预热。唾液分泌开始进行，胃部分泌25%以上的消化酶。食物是否安全和有益于能量补给，由鼻子中的400种不同类型的嗅觉感受器负责检查。在口腔中，灵活的舌头负责确定食物的温度，其准确性与食指相同。舌头和咽部有感知酸、咸、甜、苦等味蕾，还能感知质地、锐利和辛辣，并向大脑传递信息。苦味可以唤起人们的厌恶感，因为大脑将其与有毒食物联系起来。苦味主要靠舌头背面和上颚来品尝，所以只有当你吞下苦味的杜威啤酒（Duvel）时才知道你是否喜欢它。

辣椒等辛辣食物含有辣椒素，这是一种化学物质，但由于辣椒素像一把锁一样锁住疼痛和热量感受器，身体会将这种感觉误解为疼痛和热量。为了摆脱明显的热量，血液会涌向皮肤以降温，导致皮肤变红并开始大汗淋漓，这是吃过辛辣食物的人的外在表现。

在我们每天产生的一升半唾液中，有一种淀粉酶可以将淀粉转化为糖类。牙齿确保食物首先被分割成较小的块状。吞咽时，肌肉发达的食道将食物进一步推入胃中。胃对食物的作用犹如一个拳击袋，并释放第一批酶来分解蛋白质。胃细胞每天也会分泌大约两升的盐酸，很少有细菌能承受这种酸。由于每两周更换一次厚厚的黏液层，所以胃部并不会受到伤害。1828年，军医威廉·博蒙特（William Beaumont）在19岁的亚历克西斯·圣马丁（Alexis St. Martin）身上首次看到了消化过程中胃部到底发生了什么，他在一个捕猎者意外地射杀了圣马丁之后对他进行了治疗。圣马丁在这次事件中幸存下来，但伤口未完全愈合，在腹壁上留下了一个直接进入胃部的永久性穿孔。在接下来的几年里，博蒙特在圣马丁身上进行了238次实验，包括将食物直接放入他的胃腔。从这些实验中，博蒙特推断出胃部功能的一些基本原理，包括胃酸在消化中的作用。后来人们发明了一种可以直接观察胃部的新方法——内窥镜。这是一根长而细的柔性管子，末端有一个摄像头，通过鼻子到达胃里。1868年，受到吞剑表演的启发，德国医生Adolph Kussmaul首次使用了世界上第一款胃镜，也是现代胃镜的原型，当时还只是一个固定的杆，以专业和安全的方式将47厘米长的管子送入胃中。

在胃之后，消化系统的下一个环节才真正开始消化。肝脏、胰腺和胆囊三者在肠道的第一部分排泄胆汁和酶。十二指肠得名于其长度与希腊医生希罗菲勒斯的12个手指宽度相对应。在胃内容物通过十二指肠和随后的小肠的过程中，酶将营养物质分解成简单的基本成分。蛋白质碎裂成氨基酸，长而复杂的糖分裂成单糖，脂肪分裂成脂肪酸和甘油。肠壁是营养元素到达血液和淋巴液的最后障碍，血液和淋巴液像信使一样把它们送到正确的器官。高度褶皱的小肠的面积不少于250平方米，相当于一个网球场大小，这可以使吸收更加充分。在肠道中，数十亿细菌还消化了我们无法消化的物质，形成气体废物。纤维质或富含蛋白质的食物是人体内单细胞居民的盛宴，有时会使人感到胀气。胃部排气可以缓解压力，而且会有难闻的气味，特别是在吃了圆葱、芽菜和豆子之后。顺便说一下，气体总是上升的，所以在胀气的情况下，你可以用肘部和膝盖支撑在地上，撅起屁股让屁更快地释放出来。

经过前面的过程，剩下的食物只需通过1.5米长的大肠或结肠。在这里，维生素、矿物质和水被尽可能地吸收，直到只剩下无法使用的废物和死亡细菌的混合物。血红蛋白的分解物质来自死亡的红细胞，它在那里发挥着氧气清道夫的作用，使我们的大便呈深褐色。大肠的起始部位是盲肠，其末端是蠕虫状的阑尾。最近有研究表明，以前认为无用的盲肠实际上可能是有益菌的一个重要家园，并在免疫系统中发挥着作用。当人类的饮食导致阑尾堵塞时，它就会发炎，通常要通过手术切除。这是否改变或削弱了人的免疫系统，目前还不清楚，但即使有影响也是有限的。

通过消化系统的旅程结束时，固体排泄物会被推到直肠壁上，神经信号从直肠发送到脊髓的控制中心，通知我们是时候去厕所了。同样，膀胱膨胀后也会发出信号来清空"水箱"。管理肠道和膀胱排空的控制中心位于脊髓中，紧挨着负责腿部运动技能和感觉的神经。通过做疯狂的肢体运动，你可以抑制肠道和膀胱排空中心的神经细胞的活动，并将尿液憋得更久一些，或将排便一直推迟到你找到厕所。因此，如果蹒跚学步的儿童突然笨拙地弯曲双腿，是在提醒父母在为时已晚之前该采取行动了。

为了将复杂的消化过程引向正确的方向，肠道有自己的指挥中心，即肠道神经系统。这个"第二大脑"由腹腔内数以亿计的神经细胞网络组成，它们独立于大脑，协调各种消化器官的工作，而颅内的灰质则负责其他活动。同时，两者又会彼此交流信息。例如，你腹部的神经细胞影响你的情绪、心情、防御和健康；造成大脑压力的社会心理因素又会对肠道神经系统产生影响，从而也会影响消化和排便。

你无疑已经体验到，两者间的信息交流有时会出问题，就像我们荷兰俗语"在肚子里的蝴蝶"（意为十分紧张或者陷入恋爱的情绪中——译者注）一样。如果你意外地撞见喜欢的人，原始的大脑会引发恐慌，并释放出大量的肾上腺素。通常情况下，这是让你准备好立即战斗或逃跑。这种原始的防御反射在脊椎动物中根深蒂固，是对威胁的一种反应。生物学家称其为"非战即逃"的反应。肾上腺指示血液从腹部送往心脏、肺部和肌肉等重要器官，导致腹部扭曲、心跳加速、声音颤抖和脸色发红。肠道神经系统和大脑之间的交流中断，你话到嘴边，却无法向心爱的人表达爱意。其他压力因素，如考试，也会扰乱这种交流，并引起恶心和抽筋等。

相反，某些营养物质或添加剂，可能与不健康的肠道菌群结合在一起，激起免疫反应，扰乱肠道神经系统，对肠道功能和精神健康产生影响。科学家们怀疑这种机制导致了肠易激综合征，在西方有10%～20%的人受该病影响。这些人患有痉挛、胀气和难以控制的肠道运动。此外，越来越多的证据表明，与心理和年龄相关的疾病，如抑郁症、帕金森病和阿尔茨海默氏症，在西方社会比在发展中国家更常见，这些都与消化或肠道神经系统功能紊乱有关。工业环境的污染也会改变肠道微生物群落的组成，这也是导致这些疾病背后的因素之一。因此，长期以来被认为仅仅负责消化功能的消化系统，在人体中被赋予了一系列其他作用。某些疾病的新治疗方法和预防方法也被逐渐发现，从根本上推动着医学的发展。

从糖类到脂肪和矿物质

食物的成分究竟是什么？它们在体内到底有什么作用？所有为生活、身体建设和修复提供能量的营养物质都包含在碳水化合物（如糖、淀粉和纤维）、蛋白质和脂肪中。维生素和矿物质不是营养素，但它们确保了重要功能。然后是水，这种液体占人体的60%～70%。水是最重要的，因为维持每个细胞生命的生化反应只在水的环境中进行。水还有助于消化，冷却身体，也是排出废物的理想媒介。这就是为什么你应该每天饮用2～3升水。储存在碳水化合物、蛋白质和脂肪这三大类营养素中的能量以千卡表示。用1千卡的热量可以将1升的纯水加热1℃。1克脂肪含有9千卡热量，1克蛋白质或碳水化合物含有4千卡热量，1克单糖含有1千卡热量。普通女性的身体每天需要2000千卡的热量，普通男性需要2500千卡的热量。用2000千卡的能量，你可以将两吨纯水加热1℃。这是一个不简单的壮举，并解释了为什么我们必须每天多次补充糖、蛋白质和脂肪。

能量主要来自碳水化合物，如淀粉、纤维和糖类，这些物质富含在多谷物面包、土豆、大米、一些乳制品和各种甜食中。16世纪左右，从南美进口的马铃薯为贫穷的欧洲农民提供了可靠的淀粉来源。直到1845年灾难在爱尔兰发生，当时一种真菌引起了马铃薯病害，并摧毁了多年的收获。

在当时的800万居民中，约有100万人死于大饥荒。肠道中的酶将大多数碳水化合物分解成我们可以吸收的能量成分。另一方面，纤维是一种我们不会消化的碳水化合物。细菌可以使一些纤维发酵，这有助于微生物群的健康。其他纤维不受阻碍地与其他食物一起排出，刺激肠道运动，它们有吸湿能力而提供饱腹感，并可补救便秘问题。它们甚至可以减少一些癌症和其他肠道疾病的风险。

碳水化合物的主要分解产物之一是初级燃料葡萄糖，大脑和肾脏都是消耗能量的器官，几乎所有的必要能量都来自这种简单的糖。通过氧气燃烧葡萄糖，每个细胞都会产生能量和热量，当用打火机点燃一份糖时，可以在更大范围内观察到这种现象。利用释放的能量，身体从A地移动到B地，心脏肌肉每分钟收缩70次，身体的核心温度保持为36.8℃，大脑每天都在解决这些难题。血液中吸收的葡萄糖是如何到达最需要能量的地方的？这要归功于胰腺，摄入食物后胰腺会分泌激素胰岛素，将"从血液中摄取糖分"的信息传递给身体细胞。然后，细胞在其外部准备了小型的"糖运输器"，这些运输器与血流相邻，葡萄糖黏附在运输器上，并通过通道进入细胞内部。

2型糖尿病或者叫"糖尿病"是一种在西方普遍存在的疾病，主要是由多年来不健康的生活方式和富含糖分的饮食造成的，这时候信息不再被传递给细胞。1型糖尿病相对罕见，通常在青少年期就出现，这是由于人体自身的免疫系统出现错误并破坏了胰岛素分泌细胞，认为其是外来的、危险的，导致胰岛素的绝对缺乏。在这两种糖尿病形式中，葡萄糖继续在血液中循环，导致两种后果：一是组织中的糖分不足；二是含糖的、高黏稠度的血液，也被称为"高血糖症"。一些多余的糖分通过尿液流失，使尿液具有蜂蜜的气味——因此称为"糖尿病"。长期的过量的血糖会损害或阻塞视网膜和脚部的小血管，导致视力的丧失和足部神经损伤，足部神经损伤会使伤口愈合不良、溃烂，俗称"糖尿病足"。

现在，糖尿病患者在每餐后都会注射胰岛素，以弥补胰岛素的不足。虽然这种方法在现在不足为奇，但在100年前，人们在被诊断出患有糖尿病后，只剩几年的寿命，唯一的补救措施是采取低碳水化合物饮食，有时每天只有区区450千卡的热量。直到1921年，加拿大医生弗雷德里克·班廷（Frederick Banting）和他的助手查尔斯·贝斯特（Charles Best）才成功地从一只狗的胰腺中提取了胰岛素。最初人们对这种浓稠的棕色液体能够拯救数百万人的生命持怀疑态度。14岁的糖尿病患者伦纳德·汤普森（Leonard Thompson）在一年后成为第一个注射胰岛素获救的人，他证明了药的有效性。1923年，班廷及其同事因其开创性的发现而获得诺贝尔生理学或医学奖。

使用胰岛素时，必须小心所谓的"低血糖"。胰岛素的剂量必须始终根据病人的糖分摄入量和身体成分进行调整，以防止所有的糖分一次性从血液中被吸收。因此，糖尿病患者通常用一个小的测量装置来测量血液中的糖分水平，他们会取一滴血测量，或者通过贴在上臂的传感器来测量。

蛋白质存在于肉类、牛奶、鸡蛋、大豆、蔬菜、坚果和全麦食品中。

它们提供氨基酸，身体用这些氨基酸制造新的蛋白质，帮助每个细胞发挥作用。20种氨基酸中有9种仅从我们饮食中的蛋白质中获得。蛋白质是骨骼和肌肉的基本构成部分，支持和塑造软组织。美国知名演员阿诺德·施瓦辛格通过每天在饮食中添加180~300克蛋白质，塑造了他令人印象深刻的肌肉结构。对于普通人来说，每天只需60~70克的蛋白质。我们还利用蛋白质来产生抗体、酶和激素，使免疫系统保持最佳状态，在身体器官之间传递信息，并在必要时进行修复工作。皮肤、头发和指甲也主要由特定的蛋白质组成，其中角蛋白是非常重要的。只有在糖和脂肪不足的时候，身体才会通过主动分解肌肉纤维来利用蛋白质作为能量来源。

脂肪，它们的声誉有时被不公正地玷污。它们每克含有的能量是碳水化合物和蛋白质的2倍，是葡萄糖的9倍。如果你把一块大小相当的脂肪和一块糖同时点燃，脂肪块的火焰燃烧的时间是糖的9倍。脂肪的能量密度高，极其适合作为能量储备，身体主要储存在腹腔内，那里有足够的扩展空间。对于肉食动物来说，这是度过严冬而不需要太多食物的绝佳方式，但对于久坐和快餐式的消费者来说，这是对瘦身的持续威胁。但有一点是肯定的：没有脂肪，你将无法生存。它们的作用是用膜包围细胞，保护内部器官免受撞击和冲击，是保温的绝缘体，也是成长中儿童的必要能量来源。此外，脂肪可以缓冲脂溶性维生素A、维生素D、维生素E和维生素K。脂肪是从植物和动物中吸收的，由两部分组成：甘油和脂肪酸。肥鱼、坚果、橄榄油和葵花籽富含不饱和脂肪酸，如$\Omega-3$和$\Omega-6$，有助于健康的心血管系统、正常的大脑功能、血液凝固和免疫系统。饱和脂肪酸在加工肉类、黄油和类似食品中含量丰富，其必要性要小得多，但你确实需要它们。它们与心血管疾病的联系给它们带来了一个坏名声。然而，它们本身并不是不健康的，往往是我们在吸收它们的程度上不健康。

胆固醇也是重要的部分，身体用它制造睾丸激素和雌激素等，肝脏用它成功地完成了作为净化站的任务。为了在血液中游动，本来溶解性差的胆固醇与脂肪蛋白结合。脂肪蛋白有两种形式：低密度脂蛋白和高密度脂蛋白，俗称"坏"和"好"的胆固醇，尽管实际上胆固醇本身不分好坏。通过不健康的饮食，多余的胆固醇与"坏"变体结合，而不是与"好"变体结合。它积聚在血液中，很容易粘在血管上，包括为心脏提供氧气的冠状动脉。由于多年积累的结果，动脉开始硬化，直到由于血流受阻，没有足够的氧气和葡萄糖流向心肌以保持其跳动。向左臂放射的刺痛感是心脏病发作的症状，由于血管堵塞，部分营养不良和缺氧的心肌突然开始死亡。这时要拯救生命的手术包括用一个支架再次打通冠状动脉，恢复血流。

维生素共分13种，是人体必需的。它们确保各种身体过程，如伤口愈合、视网膜中光受体的运作、健康的皮肤、骨骼的形成和免疫系统的正常运行。例如，维生素A帮助皮肤和头发生长，维生素C帮助抵抗感染，维生素B_{12}促进红细胞的产生。矿物质促进生长，钙和镁是构成骨骼和牙齿的主要原料。红细胞的血红蛋白中含有非常少量的铁，能够与氧气结合。锌和氟两种元素与骨骼生长密切相关，还有助于保持心血管系统健康，使神经细胞之间的交流成为可能。

最后，还有植物化学物质，即在体内没有基本功能但对健康有益的植物物质。它们在颜色鲜艳的水果和蔬菜中含量丰富，如胡萝卜、西蓝花和红辣椒。它们通常作为抗氧化剂和抵御感染，甚至可能抑制癌症生长。类胡萝卜素使皮肤有光泽。那么，为了健康和平衡的生活，究竟每种营养要摄入多少呢？营养学家一般推荐富含纤维的饮食，富含不饱和脂肪酸和适量的蛋白质，少吃单糖、饱和脂肪和添加剂。你也可以查看营养膳食指南来了解什么可以多吃、什么应该少吃。如今，也有各种应用程序，你可以扫描几乎任何产品，并根据营养评分，立即找出它的健康程度和营养含量。

保持健康的身体并不是调整饮食的唯一需要。对气候和食品来源的日益关注，也促使人们正彻底修正他们的饮食。肉类生产对水的消耗和生态环境的影响很大，这也是越来越多的公众倾向于素食的基本原因之一。由于一年四季都有各种各样的植物性食品，而且素食餐馆的种类也越来越多，所以现在更容易实现这一目标。素食主义仍然是最受欢迎的饮食形式，其起源于公元前700年左右。素食者避免食用肉类、鱼类和贝类。通过这种饮食方式，人们仍然可以吸收所有的营养物质，甚至在长期内减少各种慢性疾病的风险。我们所说的素食是指富含谷物、水果和蔬菜以及植物油的饮食。虽然没有确凿的证据，但"地中海饮食"（泛指希腊、西班牙、法国和意大利南部等处于地中海沿海的南欧各国以蔬菜、水果、鱼类、五谷杂粮、豆类和橄榄油为主的饮食风格）不饱和脂肪和植物化学成分，可以使心血管系统处于最佳状态等，增加了预期寿命和生活质量。动物蛋白通常比植物蛋白质量更高，因为它们含有更多的必需氨基酸，尽管有一种说法是植物产品中没有这些氨基酸。为了获得相同数量的必需氨基酸，你只需要吃更多的植物而不是肉类。素食者也比肉食者得到更少的饱和脂肪酸和胆固醇，更多的维生素C和维生素E、纤维、叶酸和矿物质。唯一需要注意的是铁、钙和维生素D的缺乏，但只要有良好的饮食计划，就没有任何风险。

还有许多其他饮食方式。有人在保留植物性饮食的同时，从肉类转为鱼类；有人选择食用昆虫，认为在不久的将来昆虫会变为主要的食物来源。还有些绝对的素食主义者排除了所有的动物和动物衍生产品，主要目的是避免一切形式的动物剥削用于人类消费。这类人的食谱中不包括乳制品、鸡蛋和所有来自动物材料的成分，如蜂蜜、明胶、白蛋白和酪蛋白。但这会存在维生素B_{12}和某些脂肪酸缺乏的风险，所以，适当的素食比绝对的素食更重要，特别是对于成长中的儿童来说，他们需要大量的糖类、蛋白质和脂肪以促进身体和大脑的正常发育。

营养不良对身体的影响

现如今营养不良的人不多，但也远非不存在。肠道疾病、速食、药物或酒精、癌症、贫困或饮食失调，如厌食症或暴食症……各种因素都会干扰正常的食物摄入和消化。某些疾病或不平衡的饮食虽然提供了足够的能量，但随后造成一种或多种特定食物成分的短缺，导致依赖这些成分的身体功能失调。营养不良对身体有什么影响？一段时间不吃饭，空着肚子，脑子里就会响起警报，并向身体发出信号，是时候补充能量了。24小时或更长时间没有进食的人，血液中的糖分供应会变得枯竭，渴望能量的器官（如大脑）也会出现问题。注意力下降，出现头痛，身体开始出汗以应对不断增加的压力。如果热量短缺持续超过几天，身体就会动用所有资源，最大限度地利用它所建立的宝贵的能量储备，这要归功于使我们和其他动物能够在自然界暂时的食物短缺中生存的进化机制。因此，只要有水，一个健康人的身体可以在没有食物的情况下生存30天，甚至更久。

如果每天摄入的热量低于1200千卡，身体会大大减少任何不必要的能量使用，留给肌肉活动或解决复杂思维问题的燃料很少或没有。储存在肝脏和肌肉中的有限糖分供应只能维持几天。之后，身体被迫分解肌肉蛋白质，并将脂肪转化为酮体，这是一种糖的替代品，能迅速为重要器官提供能量。这也是流行的生酮饮食背后的原理，即低糖饮食迫使身体分解脂肪，为器官提供重要燃料，从而促进减肥。这些酮类之一是丙酮，也存在于指甲油去除剂中，它会使营养不良的人的呼吸产生异味。

根据生物学家的说法，以上过程发会引发暂时的兴奋感，这是一种进化机制，促使身心在最后的绝望中寻求营养。但很快身体就会进一步恶化。睡眠质量下降，会引发抑郁症；蛋白质、维生素，以及钙和锌等矿物质缺乏，会导致脱发和皮肤裂缝；铁和叶酸缺乏会导致贫血；维生素B_1的缺乏会影响视力和运动。调整身体进程的整个激素网络失去了平衡，增加了补偿热量不足的压力，而其他激素进程则发生紊乱，如月经周期。消化系统中的食物流动较慢，废物较少，会堵塞肠道，导致便秘。一个绝食数天或数周的人，或长期营养不良的人，易出现攻击性和冲动行为，就像饥饿的人一样。这被认为是由于失去了对原始脑区神经细胞之间交流的化学抑制剂。极度营养不良达到两周以上，大量肌肉会流失，头晕目眩，体温和心率都比平时低。一个月后，体重大约下降1/5，并出现严重的有时是永久性的器官损伤，听力和视力丧失，呼吸和吞咽也出现问题。45天后，被保护到最后的重要器官也放弃了。心肌萎缩，呼吸停止，大脑和肝脏衰竭。被削弱的免疫系统不再能够抵御任何感染，死亡随时可能发生。

因为身体有很强的复原力，如果及时采取行动，往往能从长期的营养不良中完全恢复过来。但要注意不要暴饮暴食或吃得太快，因为身体需要几周时间才能使其新陈代谢和失调的能量系统恢复正常，可能要到几个月后才能恢复过来。对于新生儿和幼儿来说，后果可能要严重得多。发展中国家的许多儿童患有夸塞克病，这是一种严重的蛋白质短缺引发的疾病。长期的营养不良和体重不足减缓了他们的生长速度，维生素和矿物质的缺乏增加了他们对感染的易感性。每年有100万儿童因维生素A缺乏导致过早死亡。

一种矿物质的短缺是如何破坏整个身体的发育和功能的，在碘的例子中变得很清楚。甲状腺是颈部地区的一个小腺体，分泌甲状腺激素，使新陈代谢以恒定的节奏运行，优化身体细胞之间的沟通，并保持恒定的体温。海盐通常富含天然碘，远离大海或海洋的发展中国家的饮食往往缺乏足够的碘，因此甲状腺激素的分泌几乎停滞不前。大脑将这种短缺解释为甲状腺工作得不够努力，促使其分泌甲状腺激素，它们迫使甲状腺增大，新的细胞必须在此基础上更加努力工作。但只要没有碘，大脑就会疯狂地不断发出指令，甲状腺就会不停地增大，在颈部形成巨大的组织球，被称为甲状腺肿。

尽管富含碘的食盐可以扭转这种情况，但在严重的和长期缺碘的情况下，新生儿和幼儿的大脑发育会受到不可逆的损害。大脑的发育不能被搁置，这就是为什么有些地区的医生采足跟血来检查新生儿血液中的甲状腺激素水平，以便及时发现问题并迅速采取措施。

长期营养不良会直接影响下一代的健康。在1944—1945年的寒冬，解放的荷兰人不得不靠每天400~800千卡的口粮过活。妇产医院对当时的产妇和婴儿的体重进行严格监测。2000年，一项对当时的战争婴儿进行的研究表明，那些由营养不良的母亲生育的孩子平均寿命较低，患心血管疾病和乳腺癌的风险较高。这涉及"表观遗传学"的范畴，事实证明，不利的环境条件可以影响基因表达。如果把基因比作构成一个句子中的单词，这种影响相当于在句子中增加了一个逗号或句号，完全颠覆了原来的意思，尽管单词并没有变化。如果这发生在不该发生的地方和时间，就会破坏许多器官的发育，对健康产生终生影响。对动物和人类的研究表明，这种影响在三代以后仍会继续出现。

营养过剩对身体的影响

营养过剩与超重和肥胖的后果有关。2012年，世界人口达到了一个新的临界点：死于超重的人多于死于营养不良的人。现代人的寿命可能更长，但生活质量却越来越多地被这些所谓的文明病所降低。

肥胖的最简单（正如我们稍后将看到的，过于简单）定义是热量摄入量高于消耗量。换句话说，身体填充的能量超过了所需要的。原因有两个方面：一方面，近几十年来，人们养成了久坐的生活方式，工作多离不开办公桌，机器取代了我们繁重的体力劳动，机动车取代了走路。人类的祖先为生活和食物到处奔波，并且习惯于重体力的劳动，现如今我们消耗的能量比那个时候要少得多。另一方面，现代社会确保食物在任何地方和任何时间都可以得到，糖和脂肪的比例也远远高于过去，多余的糖和脂肪被送到体内的贮藏室。最后，我们的日能量摄入大于日能量消耗。

当人体对能量的贮藏变得超负荷时，引发了健康问题。你是否有一个健康的体重，可以用BMI或身体质量指数来计算：千克数除以你的身高（米）的平方（kg/m^2）。许多人在19～25岁之间是健康的，25岁以后开始超重，30岁以后变得肥胖。保罗·乔纳森·梅森（Paul Jonathan Mason）在他的巅峰体重时，BMI为119，属于"病态肥胖"。更重要的是腹部脂肪的数量，这是一个与许多疾病呈正相关的指数。研究表明，在大多数情况下，高BMI之前的体重增加控制在每年1～2千克。所以，主要是长时间的不平衡饮食使身体的能量管理失去平衡。

但为什么我们很难控制自己的体重呢？这是因为糖在某种程度上会让人成瘾。糖会刺激舌头和胃中尝到甜味的受体，这反过来又会激活大脑中的奖励途径。寻找糖分对生存起着重要作用。饮食越单调，日常饮食中的糖分越多，你就越依赖它。你出现了习惯化的迹象，需要更多的东西来体验同样的奖励和快乐的感觉。蔬菜不会产生这样的感受，这就是为什么很难说服儿童吃完盘子里的所有蔬菜。吃了富含糖分的零食后血糖突然飙升，导致胰岛素急剧增加，随后血糖迅速下降。如果你每天不定期地吃几次含糖的零食，这种精细调整的激素系统就会超负荷运转。身体不知道自己吃了多少东西，只要有必要，就会激起饥饿感。多年后，胰岛素抵抗开始出现，细胞不能再应对大量激素信号的来往，不能再吸收葡萄糖，最终引发2型糖尿病。

不良的心理健康也起到了一定的作用。压力、睡眠不足或月经会在不规则时间触发饥饿信号，并延迟饱腹感信号，导致不合理地暴饮暴食。情绪化的饥饿是寻求安慰的结果，刺激大脑中驱动抑郁、焦虑和沮丧的相同奖励途径。含糖饮料和零食的广告不断地将所有这些问题的明显解决方案投射到你的大脑中，并不自觉地鼓励你吃零食。但近年来，只有过量的糖和脂肪才会导致肥胖的观点已经被彻底修正。来自成千上万人的数据显示，同样数量的热量和体育活动对我们每个人都有不同的影响，有些人仍会保持苗条，有些人则更快地增加体重，而基因的差异也是原因之一。

一些研究表明，我们的体重有40%～70%取决于我们的基因构成，我们根本无法改变。例如，几乎50%的美国黑人是肥胖的，而亚洲人中只有17%。在5%的肥胖者中，甚至有一个明确的基因缺陷导致他们肥胖。例如，锚蛋白B基因的突变会导致脂肪细胞吸收大量的葡萄糖，在没有高于正常食物量的情况下，其体积会翻倍。此外，与营养不良一样，肥胖也会对下一代产生影响。肥胖母亲的婴儿患畸形的风险较高，并倾向于"过度生长"，骨骼和头部较大，这种现象称为巨婴症。这增加了分娩或剖宫产时骨折的风险。孩子们在未来更容易患肥胖症，从而使恶性循环持续下去。像母亲的营养不良和激素失调一样，过度喂养也会影响基因本身的活动，使发育不如正常情况下顺利。肥胖的父亲也会通过他们的精子细胞传递这种特性。超重，尤其是肥胖，会带来令人不快的长期后果。几乎每个器官都以某种方式受到超重的影响，但有些器官受到的影响比其他器官更大。平均而言，长期肥胖者寿命更短，生活质量更低。随着年龄的增长，这种影响会越来越大，因为年轻时身体具有极强的复原力。

在70%的病例中，心脏病或脑出血是死亡的主要原因。心血管系统在糖和脂肪的肆虐下呻吟，这些糖和脂肪堵塞了动脉，使肥胖者容易患代谢性疾病，如2型糖尿病和高血压。每天在重力作用下承受重量的肌肉和骨骼会发炎和磨损。而一些癌症的风险，如子宫癌、乳腺癌、前列腺癌、肝癌和结肠癌，也不可避免地增加。有趣的是，营养过剩也可能与一些饮食成分的缺乏有关，如脂肪酸ω-3和ω-6，从长远来看，它们会破坏大脑功能，增加神经退行性疾病的风险等。

你的身体从均衡的饮食和充分的运动中受益。今天，有许多实现和保持健康体重的辅助工具，但没有药物（目前为止）。尽管许多补救措施已经帮助肥胖的实验室动物减轻了体重，但在人类身上的结果并不令人满意，或者出现了副作用。也许是因为我们仍然没有完全了解肥胖的许多内在机制。在任何情况下，似乎不太可能有一颗药丸就能启动全球范围内的减肥竞赛，但可以肯定的是，新的科学见解和人类的意志可以结束肥胖症的恐慌。

第五章

重力对身体有什么影响?

每天，我们都在重达60万亿亿吨的地球上漫步。如此巨大的质量，不仅使苹果从树上掉下来，而且也使我们"脚踏实地"。1618年，英国物理学家艾萨克·牛顿爵士发现了这一现象是如何产生的，即质量吸引质量，并以此描述了自然界的基本规律之一——万有引力。地球有质量，我们也有质量，所以我们互相吸引。

由于地球比人的身体重得多，它对我们施加的力比我们对它施加的力大很多倍。我们知道这种力就是重力。它是如此强大，以至于我们的地球，不过是岩石瓦砾和熔岩的混合物，呈现出一个几乎完美的球体形状。喜马拉雅山脉是世界最高的山脉，而事实上，它好比地球表面上几乎看不见的一个疙瘩，如果地球是一个直径为1米的圆球，珠穆朗玛峰只是一个只有0.70毫米的不平整区域而已。

大约46亿年前，在地球形成后不久，由于重力的作用，地球周围形成了一层薄薄的、珍贵的大气层，其成分在地球的历史上发生了数次变化。大约23亿年前，蓝绿藻首次为大气层提供了新鲜的氧气，后来成为大量新植物和动物物种的种子。数百万代以来，动物和植物在不断变化的气候中生存，拥有最多样化的自然现象，但重力的存在却从未发生变化。它的过去和现在都是生活中的一个重要成分。

几乎所有达到一定大小的陆地生物都被抑制生长，并和重力的作用做斗争。这需要消耗能量，这就是陆地动物不会长得很大的原因，目前的纪录是5.5米，由长颈鹿保持。另一方面，一些植物达到了更高的高度，更容易捕捉到光能，从而通过光合作用制造自己的糖，这是在众多竞争者中稳定生活的必需。人类的身体是如何适应有重力的生活的? 我们从来没有真正想过这个问题，但我们为什么不屈服于那股不断把我们往下拉的力量? 我们如何在移动时保持平衡? 为什么我们不会在最轻微的碰撞中摔倒? 脚上的血液如何回到心脏? 如果把一个人送入几乎不存在重力的太空，会发生什么? 身体是否会自我适应，从失重环境重返地球后会有什么后果?

重力对身体的影响

人类的身体已经在许多方面适应了与地心引力的和谐相处，而我们今天的样子在很大程度上就是因为这个。总共有206块骨头使我们不至于像布丁一样软塌塌的，650块肌肉把整个身体固定在一起。关节是有较软的各种软骨的地方，两个或更多的骨头以复杂的方式连接。在我们拥有的360个部位中，有100个是可移动的，其中膝盖和肘部是身体上最巧妙的可弯曲部位。关节腔内的滑液使一切都保持灵活，并防止磨损和撕裂。所有这些部分共同构成了运动系统，支撑着心脏和胃肠系统等软组织。它们分置于结构稳固的骨架上，保证了对脏器必要的保护。由于这种特殊的身体组成，即有着发达肌肉的躯体与环绕着重要脏器的内部骨架，我们才能在外部环境中自由和相对安全地运动。然而，这并不是在环境中自由运动的唯一方式。节肢动物，如昆虫和蜘蛛，也有骨架，但在身体的外部。唯一的缺点是，为了生长，它们必须制造一个新的骨架，并通过"蜕皮"脱去旧的骨架。因此，节肢动物的世界是一个名副其实的骨骼社会，它们生活的花园里堆满了呈现各种动物形状的外壳。

从童年开始，我们的成长与地心引力背道而驰，比利时女性的平均身高为1.681米，男性为1.786米。这意味着我们的重心或质心，即质量平衡的相关点（在像台球这样的均质球中，它位于中心）高于地面。更确切地说，人的重心在地球表面以上约1米处，大约在肚脐的位置。因此，自由移动的纤细身体在受到最轻微的打击或碰撞时，或在躲避路上的障碍物时，会有翻倒的危险。当你坐在快速出发的火车或巴士上就能体会到这一点。突然的加速度作用在你的重心上，使你失去了平衡，你反射性地将双脚分开，抓住最近的杆子（或人），以避免自己的脸撞向地面。或者你会蜷曲起来，使重心更接近地面，也保证不摔倒。一旦运动就有受伤的风险，所以保持平衡的方法对个人的生存极为重要。如果不是在数百万年的自然选择中进化出的巧妙的植物学机制，自然界就不会是自然界了，而这些机制正是为了这个目的。我们每个人都自豪地拥有两个平衡器官，它们在三维空间中检测加速和减速，并将这一信息传递给大脑，大脑也会迅速做出反应以调整我们的姿势。

人类和鱼类一样，都有平衡器官，这源于我们与鱼类共有的一个遥远的祖先。鱼类有一种侧线器官，可以探测到水的震动，帮助它们确定方向，避免在巨大的滩涂中发生碰撞。鱼的侧线器官是从鳃盖到尾鳍的鳞片之间的一条细线。在我们人类身上，平衡器官隐藏在内耳的两侧，是听力细胞所在的耳蜗的邻居。科学家们还把这个感觉器官综合体称为"迷宫"，因为它看起来像一个小型迷宫。这些器官非常脆弱，被岩骨牢牢保护着。平衡器官是一个巧妙的构造，你需要对它有一定的了解才能理解它的工作原理。它由两个独立的部分组成：前庭和三个半规管。让我们从石器时代的人类的构造开始细说吧。前庭壁上有数以千计的感觉器官——毛细胞，在这些毛细胞上有无数的小晶体——耳石。例如，当我们开始走路或骑自行车时，这些晶体以一定的延迟移动，导致毛细胞向其他方向弯曲。晶体的滞后性好比你忘在车顶的可乐罐，当你突然加速时，它就会掉下来，因为可乐罐不会立即跟随汽车的加速运动，这种现象在物理学上称为"惯性"。如果你把可乐罐贴在突出的汽车天线上，当你加速时，天线会在可乐罐影响下向相反方向移动。半规管中的毛细胞也有同样的作用，当产生一种电脉冲，大脑将其解释为线性加速，即向前或向后的速度增加，它们在只转动几万分之一毫米的时候就已经在传送刺激了。一旦你以恒定的速度前进，毛细胞就会变直，流向大脑的信息就会停止。直到你再次放慢速度，然后它们向另一个方向折返，并感知到放慢。

有一些人的晶体不在正确的位置上或已经从毛细胞上脱落。这有时会导致毛细胞折叠，使大脑认为你在移动，尽管你是静止的，这会导致眩晕和平衡问题，医学界称之为"眩晕"。幸运的是，物理治疗师已经设计出利用头部运动的方法，在大多数情况下将这些晶体回置原位。半规管是内耳的组成部分，由前、后和外三个相互垂直的环状管，即前半规管、后半规管和外侧半规管组成，联结内耳与前庭。半规管中都有淋巴，在每条管的一头有一个膨大的部分，称壶腹，内有毛细胞。毛细胞是体位改变的感受细胞，主要感受旋转运动，并由前庭神经与延脑相连，我们旋转时或坐车转弯时，管内淋巴流动使毛细胞产生飘动而做出体位反射。

耳朵里的听觉细胞和眼睛里的光感受器，与遍布肌肉骨骼系统的感觉细胞一起传递有关身体位置的信息，对你的身体及其与环境的关系做出最终评估。如果有必要，它们会向肌肉发出信号，以调整其姿势并恢复平衡。这发生在几百毫秒内，而正是随后的不太优雅的姿态调整让我们在正驶离的车上保持直立。因此，与味觉、嗅觉、听觉、视觉一样，平衡也是一种感觉，因为它提供关于你周围世界的信息。

我们利用以前的运动、加速和减速的信息来估计我们接下来要处理什么样的运动。刚学走路的孩童在走出第一步时还没有这种预先的知识的铺垫，他们实际上是通过试验和错误来学习的。在许多这样的学习过程中，孩子在碰壁中成长，负责新动作的区域逐渐学会相互合作。越来越多的人用不协调的反射来换取更复杂和精确的运动。它们通过进一步扩大神经细胞网络和改善神经细胞之间的连接来做到这一点，从而使信息的传输和解释更快、更集中。大脑不断地进行接线和重新接线，以便正确协调各种系统，从而极其准确地控制硬件（即移动的身体部件）。

一段时间后，诸如走路和跑步等活动变得如此自然，以至于我们无意识地执行它们。作为一个有经验的成年人，当你跑上楼梯或以完美的节奏蹬自行车时，你不再考虑这些动作的过程。但不要忘了在这些完美的平衡行为和异常复杂的动作中，你的身体准确无误地计算出下一个脚步的位置，如何让你的手和胳膊顺利地一起移动以接住一个迎面而来的球，或者在智能手机的键盘上快速移动你的手指。新的挑战，如驾驶汽车、跳探戈或打高尔夫球等，需要重新集中注意力，并在活动中进行新的调整。对于大脑来说，"我们一生都在学习"这句话看似陈词滥调却是真理。

强化训练使平衡器官和协调肌肉的器官对来自环境的信号反应越来越灵敏，并会产生惊人的壮举。2017年，年仅17岁的法国人巴勃罗·西格诺莱特（Pablo Signoret）在中国云南省的一个峡谷进行蒙眼走钢丝表演，并在26分钟内完成，创造了走钢丝的世界纪录。这种形式切断了关于你的姿势与周围环境关系的重要信息来源，使练习更加困难。不妨试着蒙着眼睛在1厘米宽的木板上行走而不踩在旁边，这似乎是不可能的！但每天练习，负责的大脑区域也会处理信息，以提高你在下一次尝试时的协调性。

对于非常精确的动作的掌握，需要持续时间很长的过程，这也解释了为什么学习弹吉他需要这么长时间，以及为什么一些职业，如外科医生，需要多年的训练以提高操作技术。保持平衡功能的运动，如攀登、芭蕾舞、体操和跳水等，展示了在纯粹的意志力、强化训练和良好的耐心下，人类能把自己的生理和协调能力提到什么样的一个高度。即使到了老年，如果体能和敏捷性仍然允许的话，会更新现有的"软件"并促进新的运动程序。因为虽然人们曾经认为成年人的大脑已经固定而不会改变，但我们现在知道，即使到了老年也会产生新的神经细胞和连接。

平衡器官几乎控制着所有的情况，但是人类的发明有时会让它感到困惑，特别是当你的身体不得不处理各种看似矛盾的信号时。我们中的一些人在车上、船上或飞机上都有过恶心呕吐的经历。比如，你的脚接触地面，平衡器官检测不到加速度，但你的眼睛却能感知到运动；或者地平线与运动不在同一水平线上。这些不兼容的信号对我们的大脑来说很难理解，让它感到困惑，从而刺激了呕吐反射，这是一种古老的动物反射，你的狗在汽车旅行中也可能产生这种反射，它是为数不多的受意识控制的反射之一。因此，你可以自主地暂时抑制呕吐的欲望。如果不适感持续下去，反射最终会胜出，因为不受自己控制的非自愿或自主神经系统会胜过随机的神经系统，呕吐就会发生。

除了药物治疗外，自己开车也能缓解晕车。这样，你就能更多地接触到周围的环境，更好地预测在你控制下将发生的运动。拂过脸上的新鲜空气也会有帮助。还有一些简单的技巧，例如，在火车上不要与前进方向逆向而坐；在船上要坐得低一些。通过这种方式减少冲突信号的强度，就可以节约呕吐袋了。

平衡器官一般不会全体都失灵，例如，一只耳朵内耳发炎，你还有另外一只耳朵可以工作，尽管它不能像两者的结合那样调节你的平衡。同时，身体更依赖来自眼睛、肌肉和皮肤中的感觉传感器的信息。但身体变得如此依赖这些，以至于当视觉刺激过多时，就会出现视力问题。

在平衡器官不活跃的情况下，大量的视觉信息流使大脑负荷过重，以至于难以集中注意力，人也会变得头晕目眩，这就是所谓"商场综合征"的症状。因商场中有数百个包装，每个包装都有自己的颜色和标志，可以引起人的这种反应。脱敏疗法利用形状和图案逐渐教人们如何应对过多的视觉刺激，就像心理疗法逐渐帮助你摆脱某种恐惧一样。

你也很容易迷惑自己的身体。围绕你自己的身体轴线非常快速地旋转会使耳部半规管中的淋巴液移动得越来越快。如果你搅动一大锅浓汤，你会看到同样的事情发生。如果你突然停止搅拌，汤会继续转动一段时间，然后再次停下来。同样的事情也发生在你的内耳：即使你已经停止了旋转，毛细胞在旋转淋巴液的作用下仍然折叠，并向大脑发送信号，认为你仍然在旋转，而你的身体却站在原地。你立即感到头晕目眩，很容易失去平衡，就像醉酒状态，直到内耳的淋巴液停下来。

除了不断保持平衡，身体还有其他生理适应性，使其能够与重力共存。与肌肉一起，腿部静脉中的特殊阀门帮助血液从身体底部流回心脏。就像一个闭合的系统，为血液形成了一条单行道，阻止它反向回流。当长颈鹿在口渴时弯下脖子时，类似的阀门可以保护长颈鹿的头部不受大脑中高血压的影响。如果阀门不再正常关闭，一些血液会渗回。随着年龄的增长、吸烟或肥胖，这种情况更经常发生。血液积聚，形成蜘蛛网状静脉，在腿上呈现出蓝色条纹。有时，大量液体从静脉中渗出，导致四肢肿胀，这在卧床不起的人中很常见，他们通过穿压力袜来防止这种情况。

与地心引力的长期对决也有长期的后果。随着我们年龄的增长，身体内润滑剂的质量和数量减少，骨头变得更脆，身体出现磨损的迹象，出现风湿病或关节炎。风湿病包括100多种主要影响老年运动系统的疾病，关节炎特指关节内软骨的退化，人的动作变得更加僵硬，灵活性明显下降。一切都变得更加困难，速度变慢。

然而，这并没有阻止当时105岁的斯坦尼斯拉夫·科瓦尔斯基在2015年6月28日以34.50秒的成绩跑完100米，比目前由乌森·博尔特保持的世界纪录慢了24.81秒。他自己把他的优异表现归功于避开医生，晚上不要吃得太多，最重要的是，做自己想做的事。虽然我们很乐意听取他的建议，但除了避开医生之外，主要是对自己的运动系统进行良好的维护，这有助于长寿和高质量的生活。不一定非得每天走一万步，还有很多其他方式，例如，走楼梯而不是坐电梯；骑车去面包店，让汽车在车库休息，等等。所有这些运动减缓了运动系统的老化，是你对自己身体的直接投资，而且，余额越高，你从以后的利息中获益越多。不妨把运动看作是一种养老金储蓄，以后会以健康长寿的形式使你受益。

失去重力会怎样

地球的重力场会导致严重或不严重的疾病，在过去和现在这都不可否认。重力决定了我们的身体和工作方式，就像其他动物一样，我们适应了它，与它和谐相处。仅仅因为这个原因，没有任何复杂的生物体可以冒险生活在这个蓝色星球以外的地方，至少迄今为止是这样。

太空旅行能使我们体会到身体对重力的依赖，让我们更透彻地了解人类的生理机能是如何适应与重力共存的。英雄的宇航员是第一个体验到长期无重力生活的后果以及返回地球后身体情况的。而这些后果并非微不足道。在你开始太空旅行或计划前往火星之前，你将接受彻底的体检，看看你的身体是否能够承受失重而不产生太多严重后果。在任何情况下，当你再次踏上地球时，你将不一样了。当你的身体飘浮在宇宙中时会发生什么？当你在很长时间后再次回到地球的重力场时又会发生什么？

要体验失重状态的瞬间效果，你不必非要到太空旅行，坐在过山车上就可以。由于离心力的作用，过山车在循环中的高速运行通常会将你抛出圆形轨道。但同时也有一股同样强大的重力将你向下拉。一时间，两种力量截然相反，相互抵消。你在一瞬间失重了！ 在蹦极过程中，是弹力带射回的弹簧力中和了重力。除了因血液重新分布而产生的头部轻盈感和短暂的肾上腺素激增外，这些运动几乎没有明显的或不良的影响。

在电梯里也可以体验到类似的效果，虽然不如过山车那么明显。当电梯开始向下时，你会感觉到失重，而当它再次刹车时，你会感觉超重，这跟垂直加速度有关。

当然，与所有这些日常情况不同的是，在太空中，你在失重状态下飘浮的时间更长，对一些宇航员来说是几个月，而这确实对人体产生了更长时间和更深远的影响。为了准确测量这对人的影响，美国人在2016年初将宇航员斯科特·凯利（Scott Kelly）送入太空340天，这是有史以来人在太空度过的最长连续时间。凯利在国际空间站停留期间，他的双胞胎兄弟马克·凯利仍然在地面上。由于这两个人的生理和遗传背景几乎完全相同，因此事后可以准确地确定长期太空飞行对身体的确切影响。

没有重力会使很多事情变得混乱。除了航天器本身的加速和减速外，还值得一提的是自然加速或减速。如果你在地球上的蹦床上弹起，在达到最高点后，你会立即再次跌落。如果你在太空中的蹦床上弹起，你永远不会着陆。在那里你一直跳，直到另一个力量停止运动，或者是更坏的情况——加速运动。

如果你想知道这种无休止的坠入虚空意味着什么，我推荐电影《地心引力》的开场戏，桑德拉·布洛克从被碎片轰炸的航天飞机上被弹射出来，同时四处翻滚。同样的"永恒"运动也可以在宇航员在其外星栖息地进行无休止的旋转的录像中看到。"我以一种最奇特的方式飘浮。"大卫·鲍伊（David Bowie）在他的标志性歌曲《太空怪谈》中这样唱道。平衡系统在失重环境中很难适应，会突然失去方向感，这被称为太空病，是晕动症的宇宙失重版本。大约3天后，身体会逐渐适应，处理失重带来的问题，以保持平衡。太空旅行者在地球、月球和卫星或其他空间站的帮助下确定自己的方向。当他们再次踏上地球时，太空旅行者站立超过10分钟就会晕倒。我们看到，宇航员返回地球后会坐着轮椅在停机坪上接受欢迎，这不仅仅是因为失去平衡的问题，而是身体无法立刻适应突如其来的重力条件，以至于身体无法做出适当的生理反应，主要原因是失重对骨骼和肌肉的破坏性影响。失重状态导致的最为人所熟知的影响可能就是骨骼和肌肉退化。长期缺乏冲击力和密集运动使肌肉过度疲劳，所以肌肉质量不停地损失。一个宇航员每周最多失去其总肌肉量的5%。骨密度也会稳步下降，每个月大约下降1.5%。相比之下，在地球上，这个速度大约是每5年1.5%。来自骨骼的钙质最终进入血液后会堵塞形成肾结石，并会阻碍尿液排出。幸运的是，预防性训练确实可以抵消最坏的影响，而且只要有一些耐心，一旦回到地球上，肌肉质量和平衡感会完全恢复。

失重的另一个问题是对心血管系统的影响，更具体地说是对血压的影响。地面重力将体液往下拉。由于循环系统是一个由无数管道组成的封闭系统，因此身体最低点的血压会上升到大约200毫米汞柱（血压单位），比大脑中微不足道的60～80毫米汞柱高很多。在地球上，心脏、静脉瓣和肌肉作为一个有效的循环系统，防止血液在身体底部进一步积聚，因此各处的血压都保持在生理范围内。在太空中，血压大约为100毫米汞柱，但控制血液分布的机制继续工作，即使没有重力。因此，液体上升到头部，大脑中的血压上升，非常危险。宇航员会脸部肿胀，眼压增加。他们会出现视力模糊、头痛和头晕的症状，而且脑出血的风险也会增加。在胸部和颈部区域的血管中，有一些小的测量装置，在那一刻似乎测量到了过高的血压，尽管这是一个血液分布的问题，而不是血压的问题。然后，心血管系统反射性地排出液体以减轻对血管的压力，导致脱水和20%的血容量损失。

如果你在太空舱中被割伤，你会流下球状的血滴。而在身体内部，你也不再需要一个强大的心血管系统来把血液带到每个细胞，因为它被动地向各个方向扩张，更容易移动到组织。因此，较长时间的失重也会影响到心肌。所有这些还伴随着不同的饮食习惯，经常缺乏维生素导致激素平衡紊乱，免疫系统功能更差。

奇怪的是，微生物在失重状态下的表现也不同。它们生长得更快，感染性更强，这使得宇航员更容易受到感染。这就是为什么航天器在出发前要进行彻底的消毒。在1970年灾难性的阿波罗13号飞行中，宇航员弗雷德·海斯感染了绿脓杆菌。这种细菌会攻击免疫系统较弱的人，更不用说与世隔绝、自我封闭、没有昼夜节律、睡眠不足以及暴露在高辐射剂量下的宇航员了，这些都是已知的增加癌症风险的因素。很明显，我们的身体不是为了在太空中生活的，长时间远离地球引力生活是行不通的。

然而，像美国国家航空航天局（NASA）这样的太空组织，将使太空旅行的实现作为任务交给最聪明的科学家们。火星移民计划应该是21世纪最伟大的计划之一。一些可行的解决方案将确保宇航员在前往红色星球的3年旅程中毫发无损：压缩服最大限度地减少了不平衡的液体再分配；适当的饮食可以确保均衡的营养摄入并防止脱水；补充维生素D可以中和阳光的缺乏，防止骨骼退化；而创新的测量设备将不断监测重要参数并发出预防性警告。

太空旅行者在沿着抛物线飞行的特殊波音飞机上学习如何应对失重，从而模拟出几秒钟的失重状态。它们以45°角高速上升，然后以同样的角度通过一个大弧度再次俯冲下来。这样一来，乘客就像子弹一样被发射出去，在机舱内失重飘浮约25秒。你可以把这种感受与你驾驶汽车快速越过一个山头时的感觉相比较。你把自己发射到空中，有一瞬间，你是"失重"的，直到汽车座椅再次把你接住。因为许多见习宇航员在太空飞行中会感到恶心或呕吐，所以这些飞机被恰当地命名为"呕吐彗星"。

除了人之外，猫和鸽子也曾多次成为试验对象，目的是研究它们在失重状态下的协调能力。猫咪不再能像落地时那样转动它们的尾巴，一些鸽子倒立着飞来飞去。这再一次表明，地球上每一种生命形式都不可抗拒地受到重力的影响。

科学家和工程师们还在考虑借助航天器在其轴线上旋转来产生一个人工重力场，就像在《火星人》等科幻电影中看到的那样。理论上，这些技术构造产生了40%的地球重力，与火星上的重力相当。日常阻力训练将反过来保持肌肉质量。宇航员被缆绳固定在一个高科技运动自行车上训练——或许它的好处是远离家庭的训练器——产生一个相反的力。

第六章

病毒和细菌对身体有什么影响？

　　"我觉得自己的身体并不都是'我自己'。"如果有人这样说，在生物学上是对的。我用一组数据来解释：从细胞上讲，人体内大约只有43%是人类细胞。在构成人体的30万亿块的组织中，生活着39万亿个微观的单细胞生物——细菌。每天早上，你在秤上读出的体重数中大约有200克是来自它们的重量，而这还不是全部。除了古细菌（即"原始细菌"），还有另一个极具魅力的单细胞生物群，有无数的真菌和寄生生物隐藏在身体最黑暗的地方。此外，人体内还有380万亿个病毒，尽管这些病毒不是活的有机体。

　　如果去除所有的人体细胞，你可以很容易地以微生物的形式识别出身体的轮廓，这些我们本来是看不见的。我们总是将这种巨大的微生物群落和疾病以及不良的卫生状况联系起来。但事实并非如此，数百万年的亲密共生关系使我们与之密不可分。多亏了细菌和病毒的存在，我们才能以强健的体格无惧大自然。人体为微生物提供"居所"，作为交换，微生物中的大多数保护我们免受有害入侵者的伤害，并消耗我们人体无法消化的营养物质。

　　这种合作究竟是如何进行的？这些数以百万计的"房客"最初来自哪里？我们什么时候会生病呢？我们什么时候需要服用抗生素？这与疫苗有什么不同呢？过敏和流鼻涕是生活"太干净"的后果吗？而那些该死的病

毒呢，最后能得善终吗?

微生物群系

什么是细菌和病毒，它们有什么不同? 我们对细菌的了解最多。这些单细胞微生物是地球上最原始的生命形式，其大小为1~10微米（比1毫米小100~1000倍），无法用肉眼看到。在显微镜下，它们显示为螺旋状、球状和杆状。由于它们在我们的星球上已经生活了几十亿年，所以在每一个可以想象的地方都可以找到它们：海洋中、冰冷的极地、地下深处、键盘上、你的床单上以及在你的消化系统中。

长期以来，细菌一直在竞争自然界中的每一个位置，以至于各个不同种类的细菌都有适于生存的环境。有的喜欢酸性环境，有的在缺氧的环境中茁壮成长，还有的喜欢在人体的温度下居住。它们以单糖和蛋白质为食，像孵化器一样复制和繁殖。

在理想条件下，细菌数量会快速增长。例如，实验室中经常使用的大肠埃希菌可以复制其整个细胞并将其一分为二，从而在20分钟内产生新的后代。8小时后，这将产生16 777 216个后代。难怪引起感染的细菌可以迅速占领受感染的身体区域。

在人类皮肤、肠道和呼吸系统中繁殖的大多数细菌是良性的，也被称为"共生菌"。它们保护自己，以保持它们不受食物和住所的竞争之扰。这是一个双赢的局面，因为通过这种方式，它们还能抵御对我们有害的微生物。

与细菌不同，病毒只不过是一个蛋白质外壳，它以核酸（DNA或RNA）和少量酶的形式包裹着一段非常短的遗传物质。有些病毒，如流感和冠状病毒，也被它们从宿主那里得到的一层薄薄的脂肪膜所包围。大多数病毒的大小为5～400纳米（1纳米是百万分之一毫米），比普通细菌细胞小100～1000倍。即使是病毒中的巨无霸，也只有在电子显微镜下才能看得清楚。

生物学家认为，根据定义，病毒属于非生物体，因为它们在没有宿主（如人类、植物、细菌或其他生物体）帮助的情况下无法繁殖。病毒身上有尖刺，它们用这些尖刺依附在不知情的宿主细胞外面，同时漫无目的、毫无生气地飘浮着。该病毒被吞噬，并秘密地侵入受害者的细胞，以便将自己复制成千上万次。一旦所有的材料用完，细胞就会爆裂，全新的病毒就会逃出来恐吓其他细胞。除了对某些病毒性疾病有一定的了解外，人类对它们的数量、生活方式以及它们如何与人体和细菌微生物群相互作用了解甚少。

你身上和体内的所有这些微生物是从哪里来的呢？为此，我们必须回到你出生前，当时你在子宫的无菌安全环境中。你第一次接触到的细菌是来自母体阴道和肠道环境内的细菌，它们在你通往外部世界的冒险旅程中最先来到你身上。这些微生物可以消化母亲乳汁中的糖分,并刺激天然免疫系统。而其余的"终生访客"是从母亲和父亲的皮肤、不干净的动物和我们不断塞进嘴里的玩具中来的,它们就像是免费的巧克力。经过3年的舔食、咀嚼和触摸,你的细菌群落有了明确的分布。最密集的地方是每天与外界接触的地方,包括皮肤、口、鼻、喉、肺、消化系统和生殖器。最大的微生物群落居住在消化系统中,尤其是肠道。消化系统只不过是连接口腔和肛门的一段长长的弯曲的管道。因此,外部世界实际上是通过该管道直接穿过你的身体。在那个长长的、黑暗的管道里,几乎没有氧气存在的空间。生活在这里的细菌群落对食物中的糖分进行发酵,从而获得营养物质。还有许多酵母和霉菌也从发酵中获得能量,从而产生氮气、二氧化碳和其他气体,有时会导致腹胀。肠道平均每天放10~20个屁,一些菌株还分泌硫化合物,特别是食用了富含蛋白质的饭菜之后,大便会散发出腐烂鸡蛋的气味。糟糕的是,这种气味在达到十万亿分之一的颗粒在空气中时,鼻子就能闻到。

如果你的肠道里还生活着出产氢和甲烷的细菌,你可以试着点燃自己排放的屁,根据火焰的颜色,你可以猜测你体内有哪些肠道细菌。火焰颜色越蓝,证明产生甲烷的细菌就越多。尽管有一些人跃跃欲试,但强烈不建议进行这种实验,因为小规模的爆炸也会伤及你的身体。

肠道中的微生物群落主要由共生细菌组成,这是一个良好的细菌社区,它们是身体的盟友,抵制有害的入侵者,并有利于我们的健康。在高纤维饮食中,它们处于最佳状态,而且随着它们产生的废物,如短链脂肪酸，加强了我们的自然防御能力。通过一些特殊的酶，它们中的一些还能消化我们认为难以消化或根本不消化的营养物质。此外，它们对一些氨基酸和维生素的生产也很重要，如维生素B_{12}和维生素K，后者对血液凝固极为重要。

人体肠道在分解乳糖（牛奶中的一种成分）时，有时会出错。正常情况下，肠壁会产生乳糖酶，将乳糖分解成乳酸。但是在一些人群中，特别是生活在亚洲、非洲、南美洲和南欧的人，他们乳糖酶分泌不足，未消化的乳糖流向大肠。对于那里的细菌来说，乳糖是一种受欢迎的能量来源，它们将乳糖转化为脂肪酸和氢气等气体，导致肠道隆隆作响和痉挛。可以进行乳糖不耐受测试，即医生在你喝下一口牛奶后测量你呼吸中氢气的浓度，可以告诉你是否有乳糖不耐。如果你乳糖不耐受，除了乳糖酶药片外，你还可以服用含乳酸菌和双歧杆菌的酸奶，它们可以分解乳糖，而且没有副作用，这种有益身体的非身体细菌属于益生菌。

每个人的微生物群是如此不同，都有自己独特的细菌群。2007年，人类微生物组项目绘制了人类微生物组图，即人体内所有细菌的基因汇编。经过多年对大量数据的研究，结果发现，每个人的细菌群落对身体的影响甚至比以前想象的还要深远。

例如，在比较了一大批测试对象的粪便样本后，研究人员发现某些细菌群落的存在增加了患某些疾病的风险，如肥胖症、克罗恩病、糖尿病、癌症，甚至脑部疾病。不平衡的微生物菌群会通过（过度）产生破坏免疫和神经系统稳定的化学物质而引发这些疾病。从长远影响来看，大脑和身体功能变得不平衡，失去对能量摄入和损失的控制，或者导致免疫系统低下继而会引发的癌症。

为了弄清楚微生物群在肥胖症的情况下究竟是如何运作的，研究人员在无菌环境中繁殖了一只无菌小鼠。小鼠细胞未曾接触任何一个细菌。当人们用从肥胖者的粪便中提取的细菌感染小鼠时，小鼠的体重也增加了。随后，再从苗条的人的粪便中移植细菌，又帮助小鼠减轻了体重。这意味着微米大小的生物可能是导致肥胖的原因。在过去，肥胖被归咎于过度食用脂肪和糖，以及久坐的生活方式。如果真的跟体内微生物有关，这为肥胖症的治疗方法开辟了一个新天地。目前已经在进行测试，以了解粪便移植是否对肥胖者或患有肠易激综合征的人有效果。在这种情况下，不利的微生物菌群使病人的肠道变得敏感。

正如法医技术利用犯罪现场的DNA找出更多关于受害者和犯罪者的身份一样，从CSI（犯罪现场调查）的角度来看，目前的DNA分析技术也告诉我们一些和自己有关的过去。最近，在丹麦发现了一块有5700年历史、被咀嚼过的白桦树皮，上面有足够的细菌DNA残留，可以推断出当时的人类食用者可能患有牙龈疾病。

令人好奇的是，一个分子的变化既可以用来重现过去，也可以预测谁可能在以后的生活中患上某种慢性疾病。而可怕的是，科学和科幻之间的界限正在变得模糊。但是，尽管在动物实验中发现了惊人的结果，但它与人类的关系似乎并不那么简单。就目前而言，我们并不确切知道什么是有助健康的、什么是易引发疾病的微生物组，或者它们是如何与人体互动的。此外，许多其他遗传和环境因素的影响也给关于疾病和健康的长期预测带来了阻碍。因此，目前研究的一个重要目标是描述各种疾病中的微生物组特征，并更好地检测重复出现的模式。为此，研究人员在过去10年中花费了大量经费，使用最现代的技术来更快、更准确地分析粪便样本中的信息——精确到兆字节的信息。这样说来，每次你拉开大衣，实际上是在做大规模的数据清除工作。从这个巨大的数据库和随后的实验室测试中，我们最终将提炼出含有细菌的药品作为治疗手段。但就目前而言，我们将不得不等待，看看这些"虫子"（指微生物组——译者注）作为药物能做什么。

危险的入侵者

纵观人类历史，灾难性的流行病和致命的疾病反复出现。虽然只有1%的细菌对人类有危险，但它们破坏了细菌整体的名声。在路易斯·巴斯德（Louis Pasteur）和罗伯特·科赫（Robert Koch）发现细菌是传染病的病因之前，没有人知道14世纪在欧洲造成数千万人死亡的瘟疫等可怕的流行病从何而来，也没有人知道如何防治这些流行病。人们怀着极大的悲痛看到他们的亲人生病并接二连三地死去。难怪在那个动荡的年代，普通人会求助于宗教习俗、庸医来治疗或进行放血等疯狂的行为。即使在20世纪初，世界上无防卫能力的人口中也有0.5%～1%因西班牙流感而丧生。

除了有害的细菌，后来人们发现一系列的传染病是由更小的病毒引起的。

　　寻找并最终发现这些狡猾的微观入侵者的过程充满了奇闻逸事，这些发现可能是意外的收获，也少不了人类和动物的牺牲以及艰苦的科学研究过程。由此产生的知识极大地减少了人类的痛苦，提高了平均寿命，以至于几代同堂的家庭在今天已经不是新闻。在过去的100年里，与恶性细菌和病毒的成功斗争加速了人口增长，并带来了一系列新的挑战。为了将所有这些放在一个更大的框架内，并能够设想未来的困难，没有什么比重新回顾人类用智慧抗击感染的过程更令人激动的了。

预防感染

　　在目前，关于细菌和病毒的科学知识或在现代药物面世之前，抗击流行病主要是基于仔细观察和经验。遏制迅速蔓延的流行病的首要有效方法，过去和现在都是采用"社会隔离"。

　　这一点在造成瘟疫或可怕的"黑死病"的耶尔森氏菌（Yersinia pestis）上有充分体现。像一半以上对人类有危险的微生物一样，鼠疫是人畜共患病的典型例子，是一种从动物传染给人类的疾病。在欧洲中世纪拥挤的城市中，受感染的鼠类、跳蚤有机会大量地跳到人类身上，然后通过唾液飞沫或接触不洁的表面来传播细菌。

当时一些敏锐的观察家意识到，鼠疫细菌正通过威尼斯和今天的杜布罗夫尼克港口（Dubrovnik）进入，并对所有上岸的商船船员实施了为期40天的禁令，意大利语为unaquarantena，即"检疫"一词的来源。几个世纪以来，检疫一直是对抗流行病的最有效手段之一，今天仍然如此。

然后就是漫长的等待，等待下一次的突破。19世纪40年代，维也纳有1/4的产妇会死于发烧，原因在当时并不清楚。1847年，29岁的助产士伊格纳兹·塞梅尔维斯（Ignaz Semmelweis）留意到了一些特别的事情，从而永远地改变了医学界。她发现，在医学生接受培训的医院产房里，年轻产妇的死亡率是附近助产医院产房里的3~4倍。

充满好奇心的塞梅尔韦斯决定去寻找原因。在一次解剖过程中，一名学生意外地用针头刺伤了雅各布·科利奇卡教授并导致了他的死亡，塞梅尔韦斯从中得到了线索。她指出，在科利奇卡死于并发症之前，他的症状与生病的产妇一样。塞梅尔韦斯推断，科利奇卡教授和产褥期妇女死于同样的情况，根本原因肯定是相同的。

她发现，医学生们在进行尸检后或处理病人溃烂的伤口后不洗手就为产妇接生，从而有机会接触了产妇的产道，可能传播了某种致病的物质。由于当时还不知道有细菌，塞梅尔韦斯将这种可传播的物质描述为"腐烂动物的有机物"。后来，塞梅尔韦斯让医学生们用氯化石灰清洗手以后再为产妇接生，她发现此后产妇的死亡率下降到原来的1/10。遗憾的是，当时同事们对她的发现并不认可，他们总是坚持传统的、受宗教影响的理论。没过多久，法国化学家路易斯·巴斯德证明了细菌确实是传播因素，其发明的巴氏消毒法直至现在仍被应用。

从那时起，消毒剂的应用数量激增，从厕所水槽到手术室，它们无处不在。消毒剂的原理是用一层脂肪膜包裹着病原微生物细胞，改变其细胞膜的通透性，将其内部环境与外部环境隔开。这是因为脂肪是疏水的。将一些橄榄油丢入一杯水中，不溶于水的球体会在表面游动，试图逃离水。如果你加入洗涤剂或肥皂，这些水滴就会溶解。

在化学中，洗涤剂也被称为 "两亲分子"。这意味着它们一方面喜欢与脂肪结合，另一方面又能溶解于水。它们能捕获脂肪类物质，如食物残渣，并能很容易地用水冲洗掉。因为干燥的空气也是"怕水"的，洗涤剂也被用来制造泡泡，你一定记得小时候吹泡泡的经历。它们打破脂肪膜，立即杀死细菌和病毒，但由死皮细胞组成的皮肤表层完全不受影响。

因此，塞梅尔韦斯的猜测和建议是对的，我们应该在握手之前洗手，以避免在接触危险的微生物之后携带到其他物体上。定期用肥皂洗手可以使你身边的人免受细菌和病毒的侵害，特别是在流感或其他传染性病毒流行的时候，不良的卫生习惯对病人或老人特别危险。

免疫系统：身体的生物武器

在健康的人体中，细菌和病毒物种以健康的数量共存，而不影响身体的功能。当这种平衡被打破时，一种已经在周围游荡多年、在其他方面无害的细菌，或者一种通过被污染的材料或食物、来自外部的细菌，就有机会在不为人知的情况下迅速扩张。哪些细菌和病毒对我们是危险的？身体如何自我防御感染？当体格不够强壮时我们如何向大自然伸出援手呢？

我想与你们分享一个伟大的故事，它展示了一些研究人员为获得这种知识所做的努力。在20世纪80年代初，巴里·马歇尔（Barry J. Marshall）博士着手证明幽门螺旋杆菌正在导致全世界数百万人患上胃溃疡和胃炎。然而，由于细菌并不能忍受胃中的酸性环境，医学界对他的假设并不信服。他用感染了这种细菌的实验室动物做实验，但无济于事。在绝望中，马歇尔决定为科学献身。他培养了两种细菌，混合果汁后亲自喝下。两周后，他的胃部被严重感染，他的妻子强迫他服用抗生素。最初他以第三人称发表他的结果，但同事们很快意识到，马歇尔将自己作为证明幽门螺旋杆菌是罪魁祸首的试验对象，他也因这一英雄壮举在2005年获得了诺贝尔生理学或医学奖。从那时起，医生就只用抗生素来治疗这种疾病了。

病原体投机分子趁机成为微观战场的领主和主人。当你的免疫系统检测到不需要的微生物时，你就被感染了。如果你的身体显示出疾病症状，这被称为感染，包括从局部的无害现象到威胁生命的情况。

每种细菌或病毒都在其喜欢的地方进行攻击，其感染性、繁殖速度和扩散到身体其他部位的潜力都有所不同。几乎总是这样，一种未知的细菌或病毒种类突破了身体与外界的严密界限，如黏膜、消化系统、受伤的皮肤或生殖器。此外，每个人的身体对入侵者的反应也是不同的，这取决于年龄、体重和基础条件。因此，传染病是非常多样化的，每个人都有不同的感染过程和后果。

根据微生物入侵者的性质，身体有一个广泛的防御机制，使人体应对这些入侵者时变得更为复杂。这一切具体是如何运作的，我将在以后专门介绍。假设你在削苹果的时候割伤了自己，原本像盔甲一样保护身体内部的紧致、柔韧的皮肤破裂开来，为各种各样的微生物创造了机会。如果用显微镜观察，你会看到细菌和病毒布满伤口，把人的细胞当作其孵化后代的温床。当后代孵化成功，人体细胞死亡，大量废物扩散到人体环境中或最终进入血液。

不同类型的免疫细胞，统称为"白细胞"，它们在血液中充当第一线卫士，巡视脆弱区域，在代谢的细胞中检测这些微小的碎片或细胞因子。这些所谓的先天防御系统的"士兵"能够识别每一个敌人，并迅速地、空前地投入战争。原本不透水的血管微微变薄，让液体与免疫细胞一起流出来，一场激烈的决斗即将开始。

巨噬细胞，字面意思是"大型细菌吞噬者"，是巨大的免疫细胞，它们能识别细菌和病毒表面的奇怪突起，一次包围几个入侵者，并通过将它们溶解在酸中或释放有害的酶来杀死它们。累积的液体与免疫细胞和数百万受损的细胞堆积在"战场"，使伤口发炎和溃烂。《罗马百科全书》（Aulus Cornelius Celsus）早在公元1世纪就区分了由此引发的4种反应：热、疼痛、肿胀和发红。产生的细胞组织垃圾刺激疼痛受体，使伤口和周围的皮肤格外敏感，这样你就不会碰触到伤口，而且伤口会愈合得更好。

如果第一道防线变得不堪重负，那么还有其他手段来应付。细菌或病毒的感染性菌株不受控制地传播，有可能大规模杀死许多细胞，并损害器官功能。下丘脑是大脑中控制重要身体功能的指挥中心，通常将体温调节到36.8℃，以确保所有人类细胞的健康。但细菌也会在这种舒适的环境热量中迅速扩大它们的后代。当细胞因子到达大脑中的下丘脑时，它将温度升高1~2℃，这就是发烧的原因。

这种看似微不足道的温度上升对细菌来说是一种有效的抑制措施。虽然你自己的细胞也可能受到影响，你可能在床上度过难受的一天，但发烧是对抗危险微生物破坏力的有力武器之一。退烧药可以抑制这种有效的免疫反应，这就解释了为什么医生有时会决定不需要退烧药，除非体温上升太多，或者用于体温调节不太精准的小孩子和老人。

同时，免疫系统也在加速发展。血液中的树突状细胞属于后天免疫系统的CIA部门，只有在消除特定的细菌或病毒时才会被调用。特殊的间谍细胞对细菌或病毒外壁上的典型突起进行复制，作为模板在淋巴结中产生更专业的免疫细胞。

这是免疫系统精英司令部训练的地方，其中一些有可怕的名字，如"杀手T细胞"，看起来像微型的终结者。正确识别入侵者和产生足够的特殊免疫细胞需要几天时间，但之后它们可以粉碎任何目标。

此外，还有另一种特殊类型的白细胞，即B细胞。例如来自骨髓的白细胞，形成小的Y形抗体，像便利贴一样粘住有害的入侵者。清理细胞会识别出并吞噬细菌，无情地摧毁入侵者。渐渐地，细菌或病毒的数量减少了，敌人被制服了。在持续数日的决斗之后，人体清理双方的阵亡部队和重建组织需要数周的恢复时间。

然后，免疫系统有一个特殊的功能：记忆性。感染后，它们会将被征服的细菌或病毒的碎片作为战利品带在身边数年甚至一生，这样，如果它们被同一个入侵者再次感染，它们就能以闪电般的速度做出反应，立即调动精锐部队。这样说来，你不仅用你的大脑记忆，你的记忆也每天通过你的血液来传导。

关于细菌病原体的一个很好的例子是结核分枝杆菌，它是结核病的病原体，是20世纪初欧洲人致死的首要原因。欧洲一些著名的文人，如弗朗茨·卡夫卡（卡夫卡是欧洲著名的表现主义作家——译者注）和乔治·奥威尔（英国著名小说家——译者注）都是受感染者。人们通过受感染者的唾液飞沫或受感染奶牛的牛奶被感染。这种悄无声息的细菌主要定居在肺部，免疫系统在那里试图控制炎症来源，就像消防员防止局部火灾演变成巨大的森林火灾一样。这导致了咳嗽、胸痛、盗汗和疲劳。如果没有足够的治疗措施，病毒扩散到其他器官可能意味着死亡。西方国家的巴氏奶、儿童疫苗和抗生素的普及，几乎完全根除了这种疾病。但是在发展中国家，卫生保健的缺乏和防御能力的薄弱意味着这种致命的细菌仍在肆虐，估计每年仍有150万受害者。

有害病毒引起的免疫反应与细菌相同，也会使人生病。一年一度的流感病毒可以让你在床上躺上两星期。最具传染性的一类流感病毒附着在宿主细胞上的突起物只有两种蛋白质，即血凝素和神经氨酸酶，简称H和N。H有18种变体，N有11种变体，二者有198种可能的组合。变体的组合决定了流感病毒在宿主细胞上的依附程度，从而决定了它的感染性。H1N1和H3N2能很好地附着在呼吸道细胞上，并经常出现在人类群体中。

H1N1病毒株之一在2009年引起了猪流感的爆发。由于遗传物质在不断地快速转化，每年变种都略有不同。因此，科学家们必须尝试每年准确预测哪些变种会出现，以便开发出有效的疫苗。这就是你每年都要注射新的流感疫苗的原因。

驯养的鸟类和猪藏有许多流感病毒。几个集群病毒的相互接触并重组遗传物质，可能会导致一种更危险、更致命的形式爆发，并传播给人类。

为了避免禽流感（一种首先肆虐鸟类的流感病毒）的灾难性流行，1997年杀死了150万只驯养的鸟。幸运的是，除6人因此丧生外，其他人都恢复了健康。

引起COVID-19的SARS-CoV-2病毒在2019年底和2020年呈指数级快速传播，并涉及了整个世界。该病毒属于冠状病毒，这是一种通常依附于呼吸道并通过唾液飞沫从一个人传给另一个人的病毒株。它们悄悄进入肺泡，肺泡吸收氧气以换取二氧化碳。在这里，含有免疫细胞的液体也从血液中进入肺部本身。充满液体的肺泡不再交换氧气，你的肺活量减少，你淹没在自己的免疫液中。免疫消耗物质减缓了免疫反应，但被混淆的防御系统减缓了对抗病毒的速度，并使你受到其他感染。

1981年，德国《明镜》杂志报道了一种非常特别的在当时还不为人知的感染。在纽约和旧金山的医院里，受感染的病人多是同性恋者，或是从事卖淫或吸毒的人。10年后，人类免疫缺陷病毒，即HIV，被分离出来，它最终演变成获得性免疫缺陷综合征，即艾滋病。HIV病毒似乎对每个人都很危险，主要通过无保护措施的性接触或被污染的医疗器材传播。

你可能会期望免疫系统像其他病毒一样根除HIV。但是为了繁殖，HIV病毒像特洛伊木马一样专门入侵免疫细胞。精英突击队自己也成了目标。这使得HIV感染者更容易受到各种本来无害的感染。一旦白细胞数量过于枯竭，免疫系统不能再保护身体，就容易感染艾滋病。例如，一次简单的感冒可能变成威胁生命的肺炎。对于艾滋病患者来说，结核病仍然是死亡的主要原因之一。

由于有效的HIV抑制剂的开发，实际上阻止了病毒的繁殖并预防了艾滋病，HIV阳性患者现在基本可以维持正常的寿命。然而，在世界上的某些地区缺乏足够的医疗保健和宣传教育，这种致命的疾病仍存在很大风险。

事情有时会出错。由于一些不明显的原因，人体内精英突击队有时会攻击自己的部队。它们将身体自身细胞上的突起视为外部入侵者，并进行攻击，这是许多自身免疫疾病的根源。同样的问题发生在组织或器官移植中。我们每个人的细胞上都有略微不同的突起，因此，移植的器官有时会无意中被认为是危险的，并有免疫系统可能会熟练地拒绝它。那么诀窍就是，在不危及病人健康的情况下抑制免疫系统。

抗生素和病毒抑制剂

对于顽固的传染病，即使是身体的精英部队也无法应付，身体需要外界的帮助。但是，在不损害身体自身细胞的情况下杀死细菌或病毒并不像看起来那么简单。

19世纪，在科学确定了所有这些疾病的来源之后，有人推断出一种有针对性的药物可能会消除那些所谓的细菌。这一概念的创始人之一，德国诺贝尔奖获得者保罗·埃利希(Paul Ehrlich),谈到了"魔力子弹"("Zauberkugel")。就像发射的子弹以非常有针对性的方式杀死目标一样,他预测了以细菌为目标的化学物质的存在。

在实验室工作人员的帮助下,他从1904年开始筛选数百种有毒物质。他与日本微生物学家秦佐八郎(Sahachiro Hata)一起,耐心地在感染了梅毒的兔子身上逐一测试(梅毒是一种由苍白球菌引起的性病)。经过多年艰苦的实验室工作,第六个系列的100种衍生化学品中的第六种物质就是那颗神奇的"子弹",即传说中的物质"606",后来被命名为Salvarsan,是第一个成功治疗梅毒的药物,也是第一个针对一般特定细菌疾病的现代药物。

此后,医药学界一直没有更大的进展,直到1928年9月28日上午,最大的转折点意外到来。苏格兰人亚历山大·弗莱明(Alexander Fleming)在离开实验室去度假的时候,无意中把一个装有葡萄球菌营养液的盘子留在了实验室里,而且并没有采取保护措施。两个星期后度假回来,他发现盘子上已经形成了一个真菌。当弗莱明仔细观察时,他注意到霉菌周围的葡萄球菌状况不佳,正在死亡。该真菌产生了一种杀菌剂——青霉素。这种偶然发现的抗生素在第二次世界大战期间拯救了全世界数以百万计的伤员,使他们免于死亡,此后又有无数伤员因此获救。弗莱明与霍华德·弗洛里(Howard Florey)和恩斯特·查恩(Ernst Chain)一起,分离出青霉素并在小鼠身上进行了彻底的测试,并于1945年获得了诺贝尔生理学或医学奖。

抗生素的英文是"antibiotic"，按照字面意思理解，anti是"反对"或者"对立"，biotic指"生物的，有关生命的"。从生物学上讲，这是一个有些宽泛的术语，因为抗生素只针对细菌，而不是病毒或其他生命形式，如酵母和霉菌。因此，当你患流感时，没有必要服用抗生素，因为抗生素不能消除流感病毒或任何其他病毒。这是为什么呢？抗生素抑制特定蛋白质的生产或功能，细菌用这些蛋白质构建新的外壳或其他结构，或直接作用于复制下一代的构建计划。抗生素使细菌停止繁殖，死亡，在免疫系统的配合下，被彻底消灭。

而病毒是利用被劫持的宿主器官进行繁殖，并没有作为抗生素目标的特殊蛋白质。特定的抗病毒药物作用于病毒类型的蛋白质、酶或周围的蛋白质套，阻止它们穿透细胞、繁殖或从宿主细胞中整体逃脱。但由于简单的病毒只由几个这样的蛋白质组成，所以目标较少，因此可用的抗病毒药物也少得多。由于大多数病毒感染都是短暂性的，因此它们只用于危险性较大或难以防治的病毒性疾病，如肝炎、艾滋病毒和疱疹。

在整个20世纪的黄金时代，研究人员分离或合成了许多抗生素。这些抗生素要么排斥广泛的细菌，即所谓的广谱抗生素；要么专门针对一个或几个物种，即窄谱抗生素。即使在今天，我们发现和提取的具有抗菌或抗病毒作用的物质，往往来自生长在世界最偏远角落的植物，它们的药用价值也常被人们忽视。

一个日益严重的问题是抗生素的耐药性。医护人员的粗心大意、训练不足、过度使用等原因已经使一些菌株产生了抗药性，这是亚历山大·弗莱明在1945年诺贝尔奖颁奖典礼上的演讲中提醒过的事情。细菌菌株学会了规避最初成功的青霉素，因此青霉素在一些地方逐渐被弃用。

细菌总是比我们领先一步。它们极短的繁殖时间产生了巨大的适应性，使它们能以闪电般的速度适应不利的压力因素。用生物学术语来说，这就是微观进化。

抗生素是使细菌难以存活的因素之一。在正常的抗生素治疗过程中，大多数细菌在短短几天后就会死亡，因此患病的病人很快就会感觉好转，并决定停止抗生素治疗。然而，医生总是建议服用14天的抗生素疗程。这是因为在细菌群体中，总有一些游击队员能比它们的同伴更好地坚持下去。它们有一个诀窍，可以减少、减缓甚至消除抗生素的作用，在抗生素的攻击下生存的时间长一点儿。血液在抗生素生效前将其运送，或者酶使抗生素失效。如果这些"叛乱分子"因为提前停止抗生素的治疗而存活下来，它们会将酶的DNA转移到下一代，创造出耐药菌株。

因此，偶尔会出现对几种抗生素有抗药性的结核病致病菌的变种，需要新的或更长时间的治疗方法，并有可能产生更多副作用。自20世纪70年代以来，另一个非常危险的细菌菌株是耐甲氧西林金黄色葡萄球菌或MRSA细菌，这是著名的"医院病菌"，对几乎所有种类的抗生素都有抵抗力。

疫苗与免疫

当你学习时，你将知识储存在你的记忆中。你学习得越多，你在考试中得的分数就越高，你在新工作中就能更好地应对各种情况。这一原则同样适用于免疫系统。在感染过程中，我们会产生记忆细胞，在很长一段时间内记住不受欢迎的客人，这一发现彻底改变了医学。

我们可以通过让免疫系统提前接触死亡的、非常不活跃的形式，或其他危险的细菌或病毒菌株的小块，来教导它以后要对抗哪些敌人，这是疫苗的作用原理，也是疫苗的主要成分。与看起来很像真实情况的模拟敌人作战，对精英突击队的训练程序进行微调，以便在与真实敌人的对抗中迅速而果断地进行干预。打了疫苗，就好比在参加一场模拟考试。真正的考试是在感染了维持生命的敌方细菌或病毒之后。再生疫苗的概念对人类和全球健康的影响却无法估量。

疫苗一直是并且仍然是全球抗击感染和过早死亡的基石，特别是对于免疫系统较弱的儿童来说，他们特别容易受到细菌和病毒的攻击。例如，小儿麻痹症病毒造成了最可怕的流行病之一，使数百万儿童毁容或终身瘫痪，或死于呼吸系统异常。根据世界卫生组织的计算，小儿麻痹症疫苗每年可使200万~300万儿童免于死亡，这是20世纪全球寿命显著提高的原因之一。除了少数发展中国家有零星的小儿麻痹症群，疫苗接种使小儿麻痹症几乎已经被根除。

疫苗可以保持群体免疫力，否则许多微生物会在喜欢触摸、拥抱和亲吻的人类社会中快速传播。如果免疫的人太少，这种微生物很容易找到下一个受害者进行繁殖，并像野火一样快速传播开来。如果疫苗接种将免疫人群的比例提高到80%～90%的阈值以上，人与人之间的传播就会几乎停滞。

在西方社会，日益突出的反疫苗接种运动已经通过多个实践明确了群体免疫力丧失的后果。由于麻疹疫苗接种不足，这种几乎消失的病毒再次席卷阿尔巴尼亚、捷克、希腊和英国等欧洲国家。在严重的情况下，麻疹会致人死亡，可是当你知道我们本来可以消灭麻疹，是不是觉得难以置信?

"反疫苗接种运动"的出现源于一些关于疫苗的言论。由于社交媒体的存在，这些言论的传播速度比细菌和病毒本身还要快。有传言说，在疫苗的功效没有得到充分证明的情况下，你会得重病。事实恰恰相反。疫苗的开发是一个耗时而昂贵的过程，需要经过多个测试阶段，满足最严格的标准后才能投放市场。在你去找医生打针之前，科学家们会分析数以万计的试验对象的有效性和潜在的副作用，在疫苗投放市场之前，独立的药品机构会批准这些研究。

此外，疫苗所含的"活性成分"非常少，不可能导致人患重病。短暂的发烧、肌肉疼痛和一般的疾病症状主要是激活免疫系统后的现象，与重要的微生物可能造成的损害相比，可以忽略不计。

最近针对冠状病毒密集使用的mRNA疫苗技术，也不能把我们变成蜘蛛侠或我们的近亲猿猴，因为外来的字母代码不能到达储存DNA的细胞核，即使这样也不适合人类的DNA代码。例如，香烟烟雾中的其他有害物质确实会损害DNA，从长远来看，后果要严重得多，尽管许多人对此不太关心。在身体清除使用的mRNA之前的短时间内，它起到了产生非活性病毒蛋白的作用，免疫系统认为这是 "外来的"，并对其产生适当的抗体，以保护你免受真正敌人的感染。

一些人声称，这些制剂含有害成分，即所谓的稳定剂和佐剂。山梨醇和柠檬酸等稳定剂可以延长疫苗的保质期，它们也存在于食物和人体内。重要的佐剂氢氧化铝，其浓度不高于水和食物中的浓度，能加强免疫反应，是许多其他药物的重要组成部分。科学文献中没有证据表明单次摄入如此低的剂量会产生有害影响。

疫苗帮助人类消除了很多苦难，这是显而易见的，以至于我们在回溯过去的时候都没有意识到其中的利害关系。它们把我们从最可怕的传染病中解放出来，如天花、破伤风、百日咳、白喉、肺结核和乙型肝炎，这些传染病可能使数百万新生儿和成年人丧生，人们真的不想它们再次活跃于人间。

因此，误导性信息的传播和对疫苗接种信心的下降令人失望，它造成了医疗秩序的混乱。我们希望，使2020年成为恐怖之年、使全人类陷入动荡并使数百万人丧生的危机，是一个警钟，让我们能够谦虚地自我检讨。

过敏是因为我们生活得太干净了吗

我们如此痴迷于生活在一个干净的环境中，以至于没有考虑可能的后果。过度使用消毒剂和大量的抗生素处方逐渐暴露了一个新的弱点。随着科学和医学革命的发展，我们打开了通往新的文明方式的大门，在这扇大门上仍然笼罩着一层非常神秘的云。过去50年来，过敏和自身免疫性疾病有所增加，最近的研究表明，人类的微生物组已经完全改变了。

成功拯救数百万人生命的生物技术武器也在攻击着有益细菌，现在有益细菌是一系列新疾病的根源，如肥胖症、自闭症、阿尔茨海默氏症、帕金森病以及癌症，目前还没有奇迹疗方。这也使得对这些"文明的疾病"的研究变得异常复杂。汉堡包和巧克力等高脂肪饮食会导致体重增加，也改变了肠道系统中的细菌群落，这反过来又扰乱了新陈代谢，进一步促进肥胖。但起因是什么？主要原因是细菌还是饮食？又该如何解决这个问题呢？

过敏是当今社会的另一个典型现象。它们是免疫系统对来自外部的无害物质或"过敏源"的过度反应，如花粉、屋内尘螨或脱落的皮质。城市中充满了果实和无籽树，使街道不那么脏，却带来了大量密集的花粉。一个典型的过敏反应就是鼻炎，即鼻子发红，鼻腔内有大量分泌物，甚至流鼻涕不止。过敏性休克是一种罕见的对过敏源（如无害的黄蜂毒液）的过度反应，会引起体内血液的重新分配，可导致心脏骤停。

关于我们为什么会发生过敏，有许多理论。卫生假说的支持者认为，由于我们干净的生活方式，我们的免疫系统没有充分接触到细菌、病毒和寄生虫，因此缺乏一些训练。对有些人来说，也许是剖宫产的原因，也可能由于过度清洁。来自容易发生过敏的发展中国家的人在他们移居的工业化城市中生活的时间越长，过敏感染就会越多。其他未知的遗传和环境因素可能也发挥了作用，因为生活在同一地区的人之间也存在无法解释的巨大差异。

微生物的未知未来

由于科学的快速发展，越来越多的现代技术手段使我们对微观世界的发现越来越多，而这些新知识的到来为时未晚。人口过剩和扩张主义的世界将（再次）接触到以前未知的微生物，这些微生物可以在耕种未受破坏的自然区域，引发新的流行病。另一方面，气候变暖，对丛林的砍伐，导致生物多样性丧失，使得我们对抗各种感染和其他疾病的能力不断下降。

居住在遥远洞穴中的蝙蝠种群是数百种冠状病毒的携带者，它们异常强大的免疫系统对这些病毒有抵抗力,但我们的免疫系统却没有。正如SARS-CoV-2病毒所显示的那样,一旦病毒以人类为宿主,它就会在看不见的情况下快速传播到全球任何地方。另外,可能在苏丹雨林中从蝙蝠传递到动物和人身上的致命的埃博拉病毒,证明了一旦发生意外,扩展的速度有多快。那么,生物恐怖主义呢?会不会有一天,意识形态极端分子将危险的微生物部署为悄无声息的大规模杀伤性生物武器?

幸运的是,人类不只有悲观情绪。地球上最微小的生命形式每天影响人体的方式具有很大的价值。我们现在意识到,我们与细菌和病毒密不可分地生活在一起,它们中的大多数友好地保护我们的身体,并帮助决定我们是谁以及我们的感受。科学界正在全世界范围内联合起来,进一步揭开微生物隐藏的秘密,并且依靠许多研究人员不懈的热情和研究动力而发展。共同的努力丰富了我们的药品种类,并日益保障我们的健康,同时关注健康和繁荣的微生物菌群。我们怀着激动的心情期待着关于微生物和人类之间有趣的互动以及各种新发现。

第七章

热和冷对身体
有什么影响?

毁灭性的火灾、惊人的气温纪录、漫长炎热的夏季……这些是因为全球气候变暖已经产生的一些深远影响。近年来，我们亲身体验了各种越来越极端的天气状况。例如，冬季气温不再像过去那样低；夏季又要忍受着更多的炎热天气。异常高温总是伴随着触目惊心的死亡人数；在2003年和2006年，比利时因高温导致的死亡人数比以往多了20%～30%。

炎热的天气使人体受到考验，特别是老年人的身体。但年轻人的身体也经受了很多考验，必须想方设法降暑。高温会影响人们的生理和心理健康，而我们却总是忽视这一点，或没有及时意识到。如果身体不能自行降温，重要器官就有中暑的危险，如果我们不迅速采取行动，就会产生严重的后果。现在，在高温天气我们会收到这样的预警："不要在下午的时候外出运动"或者"确保足够的饮水量"。

为什么会有这样的建议？高温对身体有什么影响？这与人体内部体温有什么关系？那些令人尴尬的湿漉漉的腋窝是怎么回事？哪些器官容易因高温引发问题，何时开始出现问题？为什么受影响的主要是老人？寒冷对身体有什么影响？寒冷是否也同样有害，或者我们是否有更好的方法来抵御寒冷？

保持温暖的人体

为了理解环境温度波动是如何影响身体的,我必须首先解释"体内平衡"的概念(也叫内稳态)。通过这个术语,生理学家描述了身体内部环境的平衡以及在不断变化的环境条件(外部环境)下独立维持这种平衡的能力。无论环境发生什么变化,呼吸、血压和心率等生命参数总是围绕某个数值波动,即平衡。

人体体温也是"体内平衡"的一部分。平均而言,健康人体的温度为 36.8℃。根据不同的年龄、性别或体重,可能会上下相差零点几摄氏度,但绝不会相差太远。

当然,这也不意味着你每次把温度计放在舌头或腋窝下时,体温计的数值都是相同的。例如,体温遵循昼夜节律,夜深人静时体温降到最低值,在35~36℃,黄昏时分达到峰值,约为37℃或更高一点儿。你可以通过制作Execl表格来监测自己的体温,每4小时测量一次并做记录。男性的体温波动更大,因为他们相对较低的脂肪率对热量的缓冲作用不如女性好。

恒定的体温很重要,因为只有在这个温度下,蛋白质和酶的三维结构才会呈现出生化反应顺利进行所需的形状,而且围绕细胞的脂肪膜才会有适当的柔软度，确保每个细胞的健康。简单地说，细胞机器的所有部分在36.8℃时才能完美运作。

那么，热量从哪里来？从我们的新陈代谢来看，细胞利用氧气将提供给它们的糖和脂肪转化为能量的过程，包括废物处理和储备储存。每个细胞都挤满了数百个线粒体，这些微观工厂燃烧脂肪和糖，并释放出一种能量分子，用来保持蛋白质和酶的生产线不间断地运行。就这样，新陈代谢保证了所有器官的运作，如心脏肌肉的跳动、肠道对食物的消化和肝脏对毒素的中和。

"工厂"中燃烧脂肪和糖的效率远远低于100%，大量的光和热会流失。"细胞工厂"将大约30%的脂肪和糖类转化为可用的能量，过多的热量使内部组织的温度上升到36.8℃，还有一些热量也来自肠道的消化。因此，正常人的体温可以与一个90瓦的加热器、两个灯泡的功率或燃烧的烛火差不多。

就像烧木头的炉子一样，我们也向外界散发辐射。在人体这样的低温下，这主要是以红外辐射的形式向外散发。我们眼睛视网膜上的光感受器不能感知这种波长的辐射，但特殊的红外摄像机可以做到这一点，所以红外摄像机对夜间追捕小偷的警察来说是一个方便的工具，通过红外摄像机，小偷的出没就能被轻易捕捉。

尽管我们的身体只能在36.8℃的恒定核心温度下正常运作，但我们经常发现自己处于更冷或更热的环境中，或者激烈的体育活动有可能使我们的核心温度上升。在科威特市，夏季气温经常超过45℃；在世界最冷的村庄——俄罗斯东部的奥伊米亚康（Oymyakon），1月份的平均气温为-46.4℃。但是，即使气候在比较温和的比利时，气温的波动也威胁着恒定体温的维持。在高强度的运动中，由于肌肉细胞中的糖和脂肪燃烧量高出平时5~6倍，新陈代谢可以达到500瓦特或更高的峰值。

为了应对这些威胁，身体配备了一个内部恒温器，密切监测温度，并在必要时进行调整，无论外面是冰冷的还是滚烫的。这个恒温器位于下丘脑，这是一个位于大脑底部的小腺体，它不分昼夜监视着各种重要的身体功能，如心跳、食欲和血液中性激素的浓度。皮肤、血管和内脏的温度感受器将体温信号传递给下丘脑，下丘脑接收到大量关于体温的数据，并可以检测到最轻微的偏差。

如果体温上升到一定程度以上，我们必须降温，最好是在重要器官的功能受到影响之前就采取措施。如果温度下降，身体必须产生热量并尽可能防止热量流失。你可以把下丘脑的功能与房子里设置在20℃的恒温器相比较。例如，如果室内温度下降到18℃以下，温控器就会通过电流信号将暖气打开，直到温度再次达到20℃。这同样适用于身体：如果下丘脑检测到体内核心温度过高或过低，它将部署普通生理适应机制，目的是修正热量的产生和与环境的交换，直到一切恢复平衡。而这种情况每时每刻都在发生，并贯穿于人的一生。

热对身体的影响

对热最重要但又不舒适的反应是出汗。下丘脑控制着分布在全身的200万～500万个汗腺。它们增加了富含盐分的水分的生产和分泌，典型表现是手心和腋窝变得潮湿，额头出汗。脸颊和额头发红是血液重新分配到皮肤导致的，这是为了更快地通过辐射摆脱热量。当你害羞或紧张时也会出现同样的反应，因为下丘脑也是情绪反应的主要中枢。

出汗是我们的自然冷却系统，汗水在蒸发时从皮肤上带走热量。作为人体最大的器官，皮肤有巨大的表面积，这意味着大量的热量会迅速流失。微风甚至更有帮助，因为它吹走了蒸发的水滴，用干燥的空气取代它们，为汗液的蒸发腾出了空间。当你对着一碗热汤吹气时，也可以看到同样的效果：你吹散了水饱和的空气，帮助汤更快地冷却下来。这对我们帮助很大，在夏天我们用风扇或空调来调整空气的流动，让我们更快地降温，而不必自己消耗能量。

然而，这只有在空气足够干燥的情况下才有效。我们周围的空气越干燥，汗水就越容易蒸发，热量就越快地从身体中排出。如果湿度太高，空气中已经充满了水滴，没有更多的空间容纳新的水滴，因此蒸发停止，散热受阻，这就解释了为什么桑拿房里那么令人窒息，以及为什么你在闷热的丛林中很难降温。流动的温水冷却效果更好，这也是温水淋浴在炎热的夏夜成为助眠好办法的原因之一。热量会流向更冷的流体，这个过程称为对流。不过洗澡水的温度不能太低，因为那样的话，低温会让身体主动开始回暖，过了一会儿，你反而更热了。

出汗虽有利于散热，却令我们身体散发难闻的气味。这是为什么呢？人体汗腺分为大汗腺和小汗腺两种。小汗腺遍布全身，只有少数部位没有。大汗腺主要分布在腋窝等处。虽然它们不比身体其他部位的汗腺产生更多的汗液，但在炎热的天气里，腋窝里往往湿漉漉的。如果你想避免在抬起胳膊时出现尴尬，可以穿深色的棉质或亚麻质的T恤衫，让腋窝空气流通，这样衣服上的汗液就不会那么明显。

腋窝里的细菌非常多，并在潮湿环境中"茁壮成长"。它们以糖类、氨基酸和脂肪为食，并排放出难闻的气味。我们每个人都有不同的细菌种类，其中一些细菌比其他细菌更易产生异味。因此，有味道的不是身体的汗水，而是在汗液上滋生的数十亿微小的废弃细菌群。导致难闻汗味的原因还有很多，如吃大蒜、洋葱和味道浓重的蔬菜，饮酒、糖尿病、肝病和真菌感染等。

女性的汗腺数量更多，但男性的汗腺更活跃。在青春期，激素的爆发会更加刺激汗液的分泌，尤其是年轻人，他们可能会大量出汗。对于女性来说，在更年期也会发生同样的情况。肥胖的人出汗也更多，他们的脂肪堆积更厚，不利于热量释放到环境中。

在一天中最热的时间里从事重体力劳动或剧烈运动的人，每小时能流失1升汗水，每天最多可流失10升汗水，或超过其自身体重的10%。官方纪录由美国人阿尔伯托·萨拉扎保持，他在1984年洛杉矶奥运会的马拉松比赛中每小时流了3.7升汗水。

约有3%的人被认为患有多汗症。他们甚至不需要任何运动，每5分钟，每个腋窝就会流出多达0.1升的液体。有许多招数可以对付多汗。在极端情况下，可通过外科整形注射肉毒杆菌素来暂时麻痹控制汗腺的神经。还有一些人由于非常罕见的遗传性疾病而完全没有汗腺，他们不出汗，几乎不能自己降温，在较热的天气或稍有劳累就有体温过高的危险。

顺便说一句，许多哺乳动物因为皮毛厚，不出汗或只在身上几个地方出汗。例如，狗几乎没有汗腺，因此使用不同的方式来调解温度。它们张开嘴喘息着以使空气快速循环，伸出来的舌头形成一个有效的热交换表面。它们有时也会躺在地板上，用毛发较少的腹部将热量传递给冰凉的地面。

为了弥补体液流失，最好是喝富含盐和糖的水，这不仅能促进水的摄入，还能保持血液的酸度，这对我们细胞的正常工作至关重要。这遵循一个简单的生理学原理：渗透作用。肠壁内的细胞藏有小通道，可同时积极吸收盐分和糖分。因为水会迁移到有大量盐分和糖分的地方，它跟随两者被动地通过肠壁。这样，你就能更好、更快地吸收水分，恢复液体和盐分的平衡。

长期以来，科学家们认为洗热水澡时手指起皱的原因是水在渗透力的作用下在皮肤毛孔之间穿行，但最近的研究表明，情况并非如此。热水刺激指尖上的微小神经末梢，使血管收缩，从而使手指的组织收缩。弹性表皮不会收缩，而是下沉，形成沟槽，其功能与汽车轮胎在雨天的功能相同：增加抓地力。研究人员表示，在原始时代，人类这个特点可能对他们在潮湿的环境中争夺各种东西是有利的。

随着水分的大量流失，大脑也会产生更多的抗利尿激素。这种化学"反溢出信号"指示大脑过滤掉水，这些水在尿液产生中作为释放废物的一种手段而流失，并在体内被重新吸收。这增加了尿蛋白在尿液中的浓度。尿蛋白是血红蛋白的棕黄色分解产物，血红蛋白是红细胞中的分子，与氧气结合并将其带到身体的所有细胞。因此，尿液的颜色是衡量体内液体水平的一个标准。

你可能也注意到，在喝了几杯咖啡或几杯啤酒后，你会频繁地去厕所。咖啡因不会导致水潴留，但它确实会加快尿液分泌，但不会比平时多。另一方面，酒精会抑制抗利尿激素的产生，因此在肾脏层面重吸收的水较少。在酒精的影响下，你的排尿次数和尿量更多，体内用于降温的水分更少，这正是不建议在炎炎夏日喝太多酒的原因。

最后一个重要的反射，不管是潜意识的还是其他的，就是我们开始出现不同的行为。我们感到有喝水的冲动，因为下丘脑也将缺乏水分的信号传递给大脑，大脑以我们的生存为唯一目标来给出指令。我们开始尽量少穿衣服，躲在阴凉的地方，减少体育活动。

我们穿的衣服越少，从身体到环境的热流的阻力就越小。白色、贴身的衣服可以反射大部分太阳的热量，深色的衣服会吸收热量并将其转移到皮肤上，因此在炎热的天气里最好不要穿深色衣服。

在某些情况下，衣服可以阻止从外面吸收热量。生活在多沙漠地区的人通常穿着长长的深色长袍，长袍与身体之间有一定空间。通过这种方式，深色长袍可以吸收热量，又不会将热量传递给下面的皮肤。热量随风流失到环境中。白色、不合体的衣服会将自己的体温反射到身体上，并将其保持在皮肤和衣物之间。

中暑：人体降温系统的自然极限

反射能防止过热，保持身体的温度，确保我们的身体在温度轻微上升的时候不会立刻停止运行。但有效的降温系统也有局限性，如果它们跟不上热量的吸收或产生，核心温度就有可能飙升并影响重要器官的功能。

比如在35℃的高温下进行剧烈体育活动或在潮湿环境中从事繁重的体力劳动的人，或者是温度调节机制不太有效、没有及时补充水分的老年人，他们身上都可能发生这种情况。另一种情况是当发生危险的感染时，下丘脑以可控的方式提高体温，以使讨厌的"入侵者"难以繁殖，只需足够的时间让专门的防御系统带着必要的"武器"到来。可是当防御系统也不能使感染得到控制，下丘脑就会继续提高体温，绝望地试图挽救生命。

这里我们谈论的是其他方面健康的身体，仅由外部因素引起的体温升高。最初，这不会导致体内核心温度的上升、身体出汗或皮肤发红等典型症状。但不断出汗会消耗身体的水分，如果没有摄入足够的液体，通过皮肤蒸发水分这个最重要的降温手段就有可能停止工作。

过多的液体流失也破坏了心血管系统的功能。心脏是一个平行泵，一方面将带有氧气和糖分的血液作为燃料送到身体的所有组织，另一方面将贫氧的血液送到肺部以补充氧气供应。在我们的一生中，心脏会跳动约20亿次，心脏通过相当于地球周长2.5倍的10万千米长的血管输送5升血液，从而产生血压。稳定的血压能很好地收紧血管，确保所有物质顺利到达每个细胞。

若体内大量的液体参与降温，心血管系统会出现液体不足。通过血管循环的血液越来越少，越来越黏稠，血压下降，导致不是所有的血液都能到达它应该到达的地方。

为了提高血压，心脏跳得更快、更有力。呼吸加快，因为肺部和鼻子中的新鲜空气对大脑有冷却作用。大脑底部的毛细血管形成了一个大而有效的热交换面。

所有这些巧妙的系统使身体的核心温度得到控制，直到找到阴凉处、补充水或以其他方式冷却。如果持续暴露在太热的环境中，即使是这些紧急解决方案，在一段时间后也会变得无效，而且器官在没有外界帮助的情况下很快就有过热的风险。下丘脑不再有足够的资源，开始失去对精心维持的温度平衡的控制，情况会迅速恶化。

精疲力竭和过热的脑细胞发送的电信号减少或传输不正确的信息，导致对身体器官，如肌肉，失去控制，大脑各部分之间的沟通越来越困难。因此，中暑的第一个明显迹象是大脑功能恶化、意识混乱、头痛和判断力改变。这些都是需要迅速干预的重要信号，因为脑损伤的后果可能是永久性的。

随着组织温度的升高，能量工厂过热，蛋白质在微观上处于沸腾，包围细胞的脂肪膜被破坏。如果损害太大，细胞就会死亡，组织功能就会下降。免疫系统认为积累的死亡细胞残骸可能来自敌对的入侵者，并派出免疫细胞到现场清除，但却导致更多的身体细胞死于友军的攻击。

几乎所有的器官都因组织温度升高以及缺水、缺血而受到影响。过热的身体往往不会再出汗，因为每一滴液体都被用完了。水分和盐分的流失使肾脏变干，尿液变成深褐色，人不再排尿，也可能由此发生永久性损害。胃肠系统从大脑接收到混乱的信号，导致恶心和呕吐。

在过热的情况下，一线解决方案包括温水淋浴，在皮肤上涂抹冷却元素，并提供液体、糖和盐，目的是重新提供降温机制并增加向环境释放热量。在危及生命的情况下，身体本身不再能够做到这一点，就不得不把病人浸泡在冰浴中，或者直接向其血液中注射冷却剂。

在没有这种干预措施的情况下，心脏会跳得越来越快，泵出的血液越来越少。细胞大量死亡，指挥中心失去对局势的控制。血压下降，直到最终发生心脏骤停。这个阶段对大脑来说尤其具有破坏性，因为大脑在没有氧气的情况下只能生存大约3分钟。

那些饮水不足、运动量大，在炎热的天气里不采取降暑手段的人，将人体生理机能推向了极限。有些人可以坚持很长时间，但有些人更早遭受危险，比如心脏病人体内没有资源来对抗过热和水平衡的变化，也无法承受这种危险。

这个风险群体主要包括老年人，他们的温度传感器已经迟钝，体内的冷却系统启动缓慢，或者他们饮水远远不够。因此，比利时在2006年和2010年的热浪天气中，有一半的受害者是85岁以上的老人。但是小孩子也面临着更大的风险，他们身形小，交换热量的表面积较小，因此中暑的风险较大。

寒冷对身体的影响

对于哺乳动物的共同祖先来说，他们学会了适应当时的环境条件，主要是寒冷。因为在几百万年前，当恐龙仍然主宰着这片土地时，哺乳动物的祖先主要是作为一种小型夜行动物而生存。直到6500万年前，陨石撞击使恐龙帝国戛然而止，小型哺乳动物才得以发展，成长为今天地球上最成功的动物群体之一。

为了应对寒冷，哺乳动物发展了一种其独有的结构——毛发。毛发困住了身体周围的空气，从而阻碍了空气的流通。干燥的空气是热的不良导体，因此是重要的绝缘体，只有在毛发直立时才真正有效，这种古老的反射被称为"鸡皮疙瘩"，这是一块微小的肌肉，附着在皮肤下的每根毛发上，在寒冷的天气或遇到强烈的情绪时，在不自主神经系统的影响下收缩。我们的祖先出于对与敌人对抗的恐惧，将自己的毛发竖立，以便显得更大。虽然看起来很怪异，但直立的毛发也能保护我们免受来自外部的热量影响，因为绝缘层可以防止热量向内外传递。这就是为什么你有时会在天气炎热时也会出现鸡皮疙瘩。

毛发的发达程度主要取决于哺乳动物生活的地方，但也取决于其体型的大小。体型越小，相对于身体的体积而言，皮肤的表面积就越大。小型哺乳动物在其比例较大的皮肤表面上会损失大量的热量。它们有更高的心率和新陈代谢，以产生更多的热量，而且有一身厚厚的毛发，这样能更好地保留宝贵的热量。可爱的新生小动物身上有柔软的绒毛，它们通常还有一种特殊的"棕色脂肪组织"，其中充满了数百个线粒体，用于燃烧并持续为身体提供额外的热量。这与更丰富的"白色脂肪组织"形成对比，后者是脂肪的储存地。而快速新陈代谢的代价是较短的寿命。

另一方面，大型哺乳动物的皮肤表面与它们的体积相比相对较小，失去热量的速度较慢。炎热的大草原上的大象经过几千年的进化，毛发已经所剩无几，它们通过拍打耳朵将气流引导到整个皮肤表面，也有许多血管流经耳朵，以更快地散发热量。

人类体型既不是很小，也不是很大。我们是否也有棕色的脂肪组织暂时还不清楚，新生儿可能存在，因为他们的身材较小，但在发育过程中，大部分会消失。在过去几千年里，在人类对气候更有利的宜居地进行殖民的过程中，我们也失去了大部分的毛发。环境条件的改变使刺激毛发生长的基因越来越沉寂，因此我们的祖先被称为"裸猿"。然而由于非常罕见的突变，在极少数人身上，这种已灭绝的基因突然再次出现。世界上只有几百人患有这种"狼人综合征"或多毛症。

人类主要通过将自己包裹在衣服里来适应寒冷。额外的绝缘层阻止了体内热量散发，从而取代了毛发的作用。尽管如此，我们的体温在寒冷的条件下仍会下降。酒精或药物中毒也会使大脑指挥中心的通信瘫痪，导致核心体温下降到危险的低点，同时对寒冷失去感觉。另一方面，厌食症患者几乎没有肌肉和脂肪组织来燃烧糖分，在寒冷的环境中很难维持体温。

当热量的产生或吸收不能充分补偿热量的损失时，下丘脑会触发适当的生理反应，产生额外的热量。对于一个赤身裸体者来说，当环境温度低于20℃时，来自指挥中心的电信号刺激了肌肉纤维的收缩，从而使其能量工厂全速运行，并产生大量的额外余热。人会开始全身颤抖，嘴唇微颤，并通过摩擦双手产生热量。

皮肤中的血管收缩，更少的血液流向身体外部，以避免热量流失。因此，感受到冷的人脸色会变得苍白。大脑减少耗费能量的小脑的活动，激活了我们的生存本能和感官，让人去寻找更温暖、无风的庇护所或想要喝一碗热汤。

无论是产生额外的热量还是行为的变化只有一个目标：不惜一切代价保护重要器官的温度和功能。身体外部可能感觉很冷，但在内部，重要器官继续在36.8℃下运作。

此时，人体就像自然界中的虐待狂，因为身体为了保持内部的一切正常，做出了许多牺牲。在自然选择的力量下，没有给身体四肢，如鼻子、手和脚一些温暖，而是几乎切断了对它们的血液供应。原则上，人没有手指和脚趾也能生存，为了保护心脏和大脑等器官不受寒冷影响，牺牲手指和脚趾更有利。

手、脚和鼻子在这种情况下最先变成红蓝色,氧气和糖分的供应几乎停滞不前,感觉就像有数百根针在扎皮肤。好在它们在这些条件下可以持续一段时间,因为细胞在寒冷中使用的氧气和糖分较少。但如果长时间这样,会出现组织损伤和麻木,即"冻伤"。最后,皮肤逐渐变黑,这是大量组织死亡或坏死的标志,这通常是不可逆的,最终可能导致被截肢。

然而,截肢的最大危险还在后面。在突然升温或手术时,数小时或数天内积累在死亡组织中的有害物质进入血液,有可能堵塞重要的血管或引发免疫反应的失控,最终可能导致死亡。

如果寒冷持续,或与环境的温差过大,人体内部体温也开始持续下降。一旦体内温度降到35℃以下,人就会严重失温,重要器官也会衰竭。大脑陷入停滞混乱状态,对环境的感知能力下降。

在某些情况下,会出现一种奇怪的、尚不能解释的现象——体温严重低的人会感觉自己太热,开始脱衣服,然后蜷缩在一个狭小的空间里,这就是为什么一些被冻死人被发现时是赤身裸体并蜷缩的。蜷缩被认为是一种无意识的行为反射,它可以保护动物免受极端寒冷的影响。导致死亡的根本原因是心脏骤停。

如果身体能在户外空气中迅速降温,在水中也一样。水的导热速度是干燥空气的18倍。然而,如果能在短时间内救出那些跌入冰水的人,确实有更高的生存机会。这种情况曾发生在瑞典的安娜·鲍根霍尔姆(Anna

Bågenholm）身上，她于1999年在挪威的一次滑雪旅行中落入冰冻的冰水中，并被困在20厘米厚的冰层下。由于有一个气囊，在最初的40分钟里，她的意识是清醒的，但她的心脏骤停。又过了40分钟，救援人员才将她从冰水中救出。当时她的体温勉强达到13.7℃。经过9小时的密集复温、10天的昏迷并上了35天的呼吸机，安娜终于捡回一条命。

她为何能幸存下来？除了已经讨论过的所有机制外，部分原因是人与许多其他脊椎动物共有的一种特殊反射——潜水反射。之所以称为潜水反射，是因为它使潜水动物在水下寻找食物时能够持续更长时间。与其他反射一样，它效率很高，速度快如闪电，不受意志的影响，就像医生拍打膝盖时你的腿会弹起来一样。这是因为外部刺激没有经过大脑中那些需要时间解释信息并做出合理反应的区域。当有人突然将手移向你的脸时，也会发生同样的情况：你不假思索地将脸从（明显的）危险中移开。没有时间进行理性的思考，身体的生存受到威胁，所以一切都必须迅速发生。

在这种情况下，头皮上的特殊冷感受器会检测到温度的突然和强烈下降。温度越低，潜水反射越强，几秒钟后心率下降，减少氧气消耗，同时非重要器官组织的血压升高，使血液更容易找到通往重要器官的途径。因为有剩余的氧气可供支配，潜水反射让人可以比在干燥的陆地或温暖的水中心脏骤停时存活更长时间。迅速降温的组织的耗氧量也快速下降，这样细胞就能用剩余的氧气继续工作更长时间。

因为寒冷会触发脸上的反射，你可以自己触发潜水反射，只需将头浸入15℃左右的水池中，水越冷，反射越强，你就越能感觉到它的力量。将食指和中指放在颈动脉上，只需几秒钟就能感觉到心率的下降。如果你把头埋在水里屏住呼吸30秒左右，可能你平均心率会降到平时的50％。此时血压也会上升。当你把头从水中移开时，反射停止，心率和血压在几秒钟内恢复。正常你也可以让潜水反射屈服于你的意志。有考试压力的人可以在脸上贴上冰凉的绒布，让心率暂时下降，这会带给你惊喜的。

善于观察的人会发现在测试中偶尔心脏会跳动一下，用医学术语说就是室上性心律失常。这是因为自主神经系统收到了相互矛盾的信息。它由两部分组成，即交感神经和副交感神经系统。交感神经系统通过让肾上腺向血液中释放肾上腺素和让心脏更有力地抽动，让我们做好准备，以应对威胁生命的情况。这为肌肉提供了更多的血液和氧气，使其能够逃跑或战斗。生物学家称这是"要么战斗，要么逃跑"的反应。副交感神经系统则有助于身体的恢复和休息。例如，它在消化过程中是活跃的。

正常情况下，某一系统比另一系统更有优势，血压和心率被调整以向合适的器官提供适量的血液。潜水反射会同时刺激这两方面，心率减慢但血压上升。这些相互冲突的信号偶尔会转化为通常微不足道的短路，但在极少数情况下，对心脏的冲击会导致突然跳入非常寒冷的水中的人心脏骤停。

这种反射的另一个不可控制的情况是呼吸的停止。这种感受对任何跳入水中的人来说可能是显而易见的，但也可能在冬日里逆风骑车时体验过。一阵冰冷的风短暂地刺激了脸上的寒冷感受器，并触发了潜水反射，使你不得不屏住呼吸。

第八章

过多的酒精
对身体
有什么影响？

　　酒精是世界上最古老、最容易获得和最被社会接受的饮品，一万多年前就已经开始有富含酒精的饮品了。即使在那时，人们就给这种神奇的液体开出了高价。今天，酒已经是我们世界文化的一个组成部分了。

　　酒品消费在社会中如此普遍，以至于我们有时忘记了正常饮用和滥用之间的界限，以及过度饮酒的后果是什么。可以说，酒精也是一种令人上瘾的"毒品"，在比利时每年夺走6000条生命——根据世界卫生组织的说法，这是一个"可预防的死因"。当然，也有许多研究表明，从长远来看，适度饮酒有利于人类健康。但酒精的有益作用似乎因人而异，因为还涉及一大堆其他因素。

　　因此，关键问题是：酒精对你的身体有什么影响？我们为什么如此依赖于它？这仅仅是因为它在我们的社会中起到了社会黏合剂的作用吗？酒精的毒性如何？短期和长期饮用的后果是什么？什么是宿醉（轻型酒精中毒），你能对抗它吗？人体的饮酒极限又在哪里？

醉猴假说

　　当我们谈论饮料中的酒精时，我们实际上是指乙醇。酒精，源自阿拉伯语alkuhl，是醇所属的化学类别，它的本质是碳氢化合物，分子末端有一个酸和一个氢原子。所有具有该特征的OH基或羟基的化学物质的名字都以-ol结尾。乙醇，化学式为C_2H_6OH，由2个碳原子和6个氢原子以及1个氧原子组成。耐人寻味的是，这个只有9个原子组成的分子对人类所产生的影响足以让本书用一整章来介绍它。

全球15岁以上人口在一年里摄入的纯酒精量差不多是500亿升，或2万个奥林匹克游泳池的容量。对于比利时人来说，每年人均酒精消耗量为12~14升，仅次于居于首位的捷克共和国，那里人均每年消耗15升，有超过90%的15岁以上的比利时人饮酒。

这些令人印象深刻的数字立即引出了第一个问题：为什么我们对这种简单的生物化学物质如此上瘾？2000年，生物学家罗伯特·杜雷试图用他的"醉猴假说"来解释它。他认为，我们从遥远的祖先那里继承了这种欲望，我们的祖先通过吃成熟的水果间接食用了酒精。酵母菌是属于真菌类的单细胞微生物。新鲜水果中对植物糖分进行发酵，产生废物二氧化碳（CO_2）和乙醇。通过这种方式，酵母菌保护自己免受细菌入侵，并自然地用酒精来丰富水果。果实越成熟，所含的酒精就越多。如果不喝酒的人想要尝尝酒精的味道，只要吃一个过熟的猕猴桃即可。

可食用的、富含能量的水果散发出的挥发性酒精，刺激了通过空气寻找食物的动物的嗅觉器官。酒精本身的热量也很高，使成熟的水果和酒精饮料成为能量的来源。半升酒精含量为40%的威士忌含有1650千卡的热量，大约是一个活动的人所依赖的热量总量的2/3。一杯25毫升的啤酒包含110千卡热量，这就是为什么我们有时称啤酒为"液体面包"。

酒精也会刺激饥饿感，因此在进化上对消耗额外的热量是有利的。这也是有些人在喝了一夜啤酒之后还能吃下一碗放了大把蛋黄酱薯片的原因。

基于以上原因，杜雷提出"醉猴假设"，认为能够识别出含有酒精的食物并能消化酒精的动物，有一个额外的能量来源，从而在与其他物种的激烈竞争中占据优势。这听起来并不那么荒唐，但在生物学中要用证据来支持这一理论。除人类之外，自然界中已经由无数其他动物将酒精作为食物来源的例子，显然，不是只有人类才会醉酒。

2011年秋天，一只吃了几十个发酵的苹果的麋鹿卡在了瑞典赛罗镇的树枝上，后来被消防队解救出来，在继续前进之前还睡了一觉。在美国的明尼苏达州，警方一度收到多起报警，报警人声称一些鸟儿撞向车窗，行为混乱，扰乱了交通。后来发现，这些鸟所吃的浆果中含有大量的酒精。还有，加勒比海岛屿上的猴子会从游客那里偷来代基里酒。人们对一些动物进行实验发现，让其在含朗姆酒和不含朗姆酒的饮料之间进行选择时，17%的动物表现出对含酒精饮料的偏好。

但这些都是例外，尽管一些动物消耗的成熟水果占其体重的20%，但水果中的酒精浓度不超过3%。在血液中的酒精水平上升到足以引发醉酒的程度之前,它们肚子通常是饱的,不会继续摄入。即使以酒精比高达3.8%的花蜜为食物的百灵鸟,也不足以显示出醉酒的迹象。

这表明,所有的动物都能很好地处理酒精,甚至表现出对酒精的偏爱。在西非几内亚,当地的居民常常在酒椰树上插入管子,并把塑料桶钩在树上,收集从管子里流出的汁液。这些汁液很快就会自然发酵变成美酒。研究人员发现,这些酒受到黑猩猩的喜爱。17年间,研究人员记录了51次黑猩猩爬上酒椰树偷喝酒的情形,其中有20次是"聚众饮酒"。黑猩猩会将树叶咀嚼成海绵状,伸入塑料桶中,然后吸食用树叶蘸起来的酒。

为了进一步证实"醉猴假说",科学家们仔细检查了幸存的灵长类动物的遗传基因。对酒精的喜好和消化酒精的能力在许多基因中都是固定的。通过比较人类和近亲之间的情况,科学家们大概了解了我们的饮食习惯是如何随着时间而演变的。他们在这个迷人的故事中发现了一个重要的转折点。

在几百万年前,郁郁葱葱的非洲荒野幻化成广袤的大草原,当我们的祖先开始直立行走时,ADH_4基因中的一个发生了变化,它改变了一种重要的酒精降解酶的构建计划,其效率因此突然提高了40倍。对于我们居住在大草原上的祖先来说,这是一份受欢迎的礼物。他们将熟透的掉落的水果作为一种新的能量来源加以食用,并将自己变成了一个狂热的水果吃货。遗传学家还在与人类密切相关的黑猩猩和大猩猩身上发现了这种突变,这意味着我们已经携带这种突变有很长一段时间了。

通过这种机制，人体系统适应了自然摄入的低水平的乙醇，比如发酵的水果。但在今天的消费社会中，酒精的浓度更高，而且可以随意获取，这对我们来说并不总是有利的。昔日的有益突变，后来却让社会承担了过度消费的恶果。

我们的身体是如何处理乙醇的？

我们主要从饮料和食物中吸收酒精。面包酵母，也叫酿酒酵母，是酵母中的一类，用来发酵馒头和酒类。只要你给酵母细胞喂食它们最喜欢的食物，它们就会不知疲倦地生产乙醇，并将其倾倒在它们所游的液体中。但是，当液体中的酒精百分比上升到15%以上时，这种物质就会对酵母菌有害，它们会在自己产生的废物中死亡。因此，该酒精百分比是在自然发酵基础上制作的啤酒和葡萄酒等轻度酒精饮料的上限。商品标签上显示的是以体积百分比表示的酒精含量，例如，一款酒精含量为5%的啤酒，每100毫升中含有5毫升酒精。一毫升酒精的重量为0.8克，因此5%相当于每100毫升的啤酒中酒精含量为4克。

要制作酒精含量较高的烈酒，必须人为地添加纯酒精。这是通过蒸馏完成的。乙醇的沸点是78.3℃，比水的沸点低得多。将酒精混合物在78.3℃下煮沸，水不会蒸发，但乙醇会蒸发。收集酒精蒸气并冷却后得到的纯乙醇就可以使用了。同样，如果你把炖肉在火上煮两个小时，添加的红酒中的90%的酒精会挥发。早在公元前900年，波斯炼金术士拉西斯就完善了这种方法。在20世纪二三十年代美国禁酒令期间，阿尔·卡彭的随从采用了这种技术，在不起眼的锅里蒸馏酒精。他们帮助这个臭名昭著的黑手党老大建立了一个利润丰厚的权力帝国。

我们的身体也会产生一些酒精，每天4克，大约相当于半瓶啤酒的量。肠道缺氧环境中的微生物，包括同样的面包酵母，将我们食物中的糖转化为二氧化碳和其他废物，包括乙醇。通常情况下，产生的酒精量远不足以让你感到微醺，但少数不幸的人患有非常罕见的肠道发酵综合征。由于酵母菌在肠道中过度生长，所产生的酒精的浓度足够高从而引起中毒，尤其是在吃了含糖食物之后。这些人简直就是行走的啤酒厂，没有碰过一滴酒却醉倒了。

那么，酒精在体内到底发生了什么？让我们踏上旅程，从一品脱鸡尾酒开始去了解。这种小化学物质在胃肠道层面被吸收入血液。吸收的速度和效率取决于许多因素，但在空腹和酒精浓度为20%左右时吸收最快。碳酸饮料也能更快地被吸收，这解释了为什么一杯气泡酒能让你更快地感到微醺。较高浓度的酒精，如烈酒，和胃肠中的食物会抑制酒精吸收。

血液中的大部分酒精首先通过肝脏，这是一个1.5千克重的器官，位于肋骨下的右侧。肝脏是一个合格的净化站，分子清洁队在这里中和有毒物质，然后通过肾脏或肠道将它们排泄到外部世界。有500多个排毒系统在为我们的血液排毒并保持身体内部的清洁。因此，在肠道层面吸收营养物质、毒素和药物的血液首先通过一个特殊的血管网络流向肝脏，每天

1400次，流量为每分钟1.5升。

肝脏通过两种专门的酶和两步化学反应处理90％以上的酒精。第一种酶，即乙醇脱氢酶，将乙醇氧化成乙醛，这是一种非常有害的致癌物质，在烟草添加剂的燃烧过程中也会释放出来，刺激呼吸系统并增强尼古丁的作用。正是这种有毒分子的积累导致了可怕的宿醉。幸运的是，第二种酶是乙醛脱氢酶，可以迅速将乙醛转化为无害的乙酸，再将乙酸转化为二氧化碳和水排出体外。酒精的热量非常高，每克酒精含有7千卡的热量，1克脂肪的热量是9千卡，1克蛋白的热量是4千卡，1克糖的热量是1千卡。这样算来，每喝110千卡的啤酒，一个体重为70千克的人要在健身房花18分钟来消耗热量。喝20瓶啤酒，你就有了让一个活跃的身体度过一天的热量。

平均而言，肝脏每1.5小时可分解10～15毫克的酒精，但这也与你之前喝了多少、吃了多少、你的身体条件、性别等有很大关系。例如，女性制造的肝脏乙醛脱氢酶较少，分解酒精的速度较慢。

我们有两个具有乙醛脱氢酶构建计划的基因副本。肝脏细胞使用这两个副本来制造蛋白质，这些蛋白质配合在一起形成工作酶。30％～50％的中国人、韩国人和日本人从父母中的一方继承了一个坏的基因，或者，从父母中的一方继承了两个有问题的基因。在后一种情况下，他们会缺乏这种酶。但是，即使有一个仍然很好的基因副本，与健康人相比，这种酶也只有1％的效力，因为由坏的基因副本制成的畸形蛋白质不能与正常的蛋白质结合在一起，形成一种折叠不良的酶。这就好比一把钥匙和一把锁，两者必须完美匹配，否则锁就打开。

这类人患有乙醛脱氢酶缺乏症，很快就会积累有毒的乙醛，喝一两杯啤酒就会宿醉，出现出汗、恶心和头痛的症状。因此，东亚人的饮酒量非常低，以至于过度饮酒和相关疾病几乎没有发生。还有一种情况是，部分缺乏乙醛脱氢酶的人，患酒精引起的癌症的风险更高，因为低酶活性导致了一些耐受性，但每次都使身体暴露在相对大量的有害乙醛中。

正因为这一点，人们后来研发出了抑制酒精成瘾的药品。1881年，德国化学家格罗兹基发现了一种新的分离物质，后来被命名为双硫仑。20年后，这种物质被美国的橡胶工厂采用，以加快橡胶生产。一个橡胶厂的劳工医生注意到，这里的工人对酒精很敏感。直到很久以后，即1945年，丹麦医生埃里克·雅各布森（Erik Jacobsen）在把双硫仑作为抗虫药在自己身上试验时，偶然发现他只有在喝了酒之后才感到不舒服。雅各布森后来在晚上吃饭前故意吞下一些药片，他感觉到服药后每喝一口酒都会让他不舒服。他的脸会变红，心会悸动，呼吸会有困难。据说他甚至有一次在吞下双硫仑后采取静脉注射乙醇，差点儿因血压骤降而死亡。

部分归功于这次疯狂的自我实验，药物安塔布司（Antabuse）在三年后发布，这是 "anti" 和 "abuse" 的缩写。《时代》杂志用一个恰当的标题 "醉汉的药物" 向酗酒的美国人介绍了这种药物。直到1980年，生物化学家才发现因为这种药物阻断了乙醛脱氢酶的作用，所以会让服药后的酗酒者出现暂时性的乙醛脱氢酶缺乏。

回到酒精穿越身体的旅程。由于肝脏只对酒精进行少量分解，其余部分仍会随着血液流动而流动。在空腹喝下一杯啤酒、一杯葡萄酒或烈酒后，血液中的酒精值约一小时达到峰值，然后在接下来的几小时内慢慢下降。

酒精是脂溶性的，因此更容易积聚在皮下脂肪组织中，而女性的皮下脂肪组织比例高于男性，而男性体内较高的水含量促进酒精通过尿液释放。这就是女性在喝同样数量的酒时血液中的酒精含量比男性高的原因之一，也是女性会更快地显示出醉酒迹象的原因。一些酒精在肺部被呼出，因为小的酒精分子很容易穿过血管和肺泡之间的薄层边界。在酒精检测仪的帮助下，交通警察可以检查出司机是否饮酒。酒精检测仪中的红外光束穿过空气并击中检测板。当醉酒司机向该设备吹气时，乙醇分子会吸收红外光，防止其照射到检测板上。呼出的空气中乙醇越多，乙醇分子过滤掉的光线就越多，你就越有可能受到高额罚款。

顺便说一下，那些关于可以逃过酒精测试的方法都是传说，唯一方法是不饮酒。

如果你喝了酒，只有在特殊情况下，测试才可能是阴性的，但即使如此，也只是小量的酒精，而不是喝了7杯酒之后。这取决于当事人的体型（大个子可以缓冲更多的酒精），胃和肠道中是否有食物，肝脏的分解率，以及饮酒后的时间。体重220千克、身高2.25米的职业摔跤手安德烈看起来像一个巨人，他说他在比赛前会喝两升纯伏特加来热身，在他为数不多的几次喝得不省人事的时候，是在6小时内喝掉了119罐啤酒。

酒精中毒

许多人以宿醉的代价来启动无拘无束的周末。宿醉，就是急性酒精中毒，第二天会感到轻微的头痛，这样的你只能在沙发上发呆，可能伴随着不会兑现的承诺"我再也不喝酒了！"。恶心、疲劳、脱水和剧烈的头痛是酒精中毒的后遗症，几个小时后仍然挥之不去。从长远来看，这对你的身体造成了伤害。

你喝得有多醉，主要取决于你喝了多少和喝得有多快。尽管流行的说法是"白酒后的啤酒是一种毒药，啤酒后的葡萄酒是一种享受"，但不管你喝的是什么，乙醇的剂量是唯一真正的罪魁祸首。这被称为毒理学的第一定律，瑞士人帕拉塞尔苏斯（Paracelsus）在16世纪提出了"dosis sola facit venenum"观点，即"剂量即毒药"。这意味着任何物质，无论它是什么，在一定的剂量下都是有毒的，甚至自来水。2007年，在一场比赛中，来自美国的珍妮弗·斯特兰奇在3小时内喝了7升水，参赛者被要求必须尽可能长时间地憋尿。几个小时后，她头痛欲裂地开车回家，后来被母亲发现死在车里。尸检显示其死亡原因是水中毒。

那么，在酒精中毒的过程究竟发生了什么？为什么你在喝了一晚的酒之后会感觉如此糟糕？无论身体如何完美地自我清除酒精等有毒物质，总有一天系统会超负荷运转。酶需要时间来分解酒精，而且数量也有限。这有点儿像在一条繁忙的电话线上等待接线员接听。过多的饮酒超过了身体的最大承受量，使乙醇和乙醛逐渐在血液和器官中积累，也会导致醉酒者酒后的异常行为。

酒精是一种镇静剂和麻醉剂，其对人的作用最容易识别也是最危险的是行为的改变。由于脑细胞之间的交流瘫痪，人会出现自我膨胀、对情绪失去控制、感官麻木和反应速度降低。酒精被输送到神经细胞彼此密切接触的地方，阻碍了信息的传递，就像晚上为免受邻居噪声困扰塞在耳朵里的耳塞一样。同时，酒精会刺激多巴胺和血清素的释放，从而刺激快乐和奖励中心。这给人一种兴奋的感觉，压抑神经系统并减少抑制。已故的弗兰克·辛纳屈（Frank Sinatra）曾经说过："我为那些不喝酒的人感到遗憾。他们一整天里的感受毫无变化，体会不到醉酒后醒来的清晨的那种美好。"但是这种欢快的感觉是以牺牲大脑中负责逻辑思维、推理和决策的部分为代价的，这增加了冒险行为。

酒精对果蝇的行为影响实际上与对人类的影响相同。果蝇也会因为酒精的作用也变得很兴奋，一不留神就撞在一起，最后睡着了。

在一项实验中，研究人员将果蝇分为两组。一组喝醉的果蝇，和另一组滴酒未沾的果蝇，被分别放在一个缺口前，因为被事先移除了翅膀，它们只能通过弹跳来移动。随着差距的扩大，清醒的果蝇正确地估计了它们何时不再能翻越。正如你可能猜到的那样，醉酒的苍蝇高估了自己的能力，它们冒着风险跳过了遥不可及的距离。同样的鲁莽行为也发生在那些醉酒司机身上。即使是0.3‰的酒精含量，意外伤害的风险也比清醒状态下大。在一项模拟测试中，当血液中含有0.5‰的酒精时，即使有经验的司机也会撞上设置的障碍物。当血液中酒精含量达到1.6 ‰，交通事故发生的风险增加了10倍。

此外，酒精中毒的人会失去平衡，这通常会导致滑稽的摔倒，有时会危及生命。为什么会这样？在头部的最后面是小脑，这是一个褶皱结构，有大量的神经细胞。大脑的这一部分结合了来自环境的感觉信息，以控制肌肉，使运动顺利和协调。但酒精会扰乱此项功能，扰乱这种微调的交流。

俗话说"酒后吐真言"，酒精带来的情绪变化比清醒状态下更能显示我们的真实性格。天生容易被激怒或不太具有同情心的人在醉酒后一般会表现得更有攻击性，因为"刹车"已经关闭。基于先入为主的期望，这种含酒精的饮料以特定方式影响我们的情绪，每当我们喝酒或看到有人喝酒时，我们都会自觉或不自觉地将酒精与某些情绪联系起来。例如，人们经常在安静的晚宴气氛中饮用葡萄酒，因为人们把这种饮品与放松的感觉联系起来；而在狂欢之夜人们选择烈酒，因为更刺激。这种刻板印象是如此强烈，以至于年仅6岁的儿童在没有喝过酒的情况下就对酒产生了期望。

酒精也会让你更容易打瞌睡，但你的睡眠质量并没有提高。在大脑从前一天的工作中恢复过来的阶段，你的睡眠深度较低。酒精还将体温推向危险的范围，并通过其麻醉作用减慢呼吸速度。醉酒的人在睡梦中打鼾，是因为支撑喉咙的肌肉松弛，空气在震动中沿着喉咙和鼻子的狭窄空间前进。大脑中抗利尿激素的释放减少，而抗利尿激素通常会重新吸收尿液生产过程中失去的多余水分，这使你更频繁地去厕所。在激素的影响下，心脏跳动加快，血压上升。乙醛使血管扩张，导致脸色发红。

第二天，你的身体会承担酒精中毒的后果并修复所造成的损害。有毒的乙醛会杀死数以千计的神经细胞，使血管扩张，并与各种激素和过度活跃的受体一起，引起头痛。胃部受刺激会使你感到不适和恶心。年龄越大，体内水和肌肉组织的比例就越低，宿醉就越严重。尽管有许多解酒神话，但并没有彻底治愈醉酒的方法。

酒精越多，所有症状就越突出。如果血液酒精浓度达到1‰以上，人会变得兴奋，更有攻击性或更健谈。因此，我们用"好口才神水"来代指酒精还算贴切。当血液中的酒精含量达到2‰时，说话会变得不太清楚，人会失去平衡，意识也会减弱。当血液中酒精含量达到4‰时，血液和组织中的异常电解质会扰乱心律，出现危及生命的情况。胃利用最原始的反射，令人疯狂地呕吐，试图摆脱尚未进入血液的酒精。

最严重的情况是，受影响的大脑放弃自救了，呼吸停止，心脏停止。幸运的是，门诊急救的存在和人们不断提高的认识，让这种情况不太会发生。最大的危险在于酒精引起的交通事故和长期酗酒后对身体的有害影响。

长期饮酒对身体的影响

科学家们曾在加勒比海的圣基茨岛上捕捉了上千只金丝猴用以试验,给它们喝鸡尾酒,并研究了猴子的饮酒习惯,有个特别的发现:一半以上的猴子是社交型饮酒者,它们更喜欢稀释后的水果鸡尾酒,而且只有在其他猴子喝酒的时候才会喝。有15%的猴子经常喝,它们更喜欢多加点儿水稀释的鸡尾酒。这些猴子在等级制度中占主导地位,地位很高。狂饮者只是小部分群体,主要由年轻雄性组成,它们为喝酒而争吵,并在有酒喝的时候豪饮无度,把自己喝得酩酊大醉。仅仅2~3个月后,狂饮者中有不少猴子因过量饮酒死去。还有剩下的15%,不喝酒或者喝得很少。

像金丝猴一样,我们人类对酒精的反应也有不同。有些人更容易对酒精上瘾,有些人只在适当的情况下喝酒,还有很多人不喜欢喝酒。从长远来看,酒精如何影响你的生活和健康,取决于你的一组基因、新陈代谢、饮食习惯、体能、精神健康和一大串其他生物和社会心理因素。例如,具有乙醛脱氢酶遗传性变体的人,如果能更快地分解醋酸盐,则较少受到醉酒引起的乙醛浓度的影响。他们更容易酗酒,这就解释了为什么酗酒往往是家族性的。因此,对我们为什么喝酒这个问题的回答比醉猴假说更进一步,这也是多年来从社会学、哲学到医学等多个科学领域联合起来研究这个复杂课题的原因。

醉猴假说解释了为什么我们喜欢喝酒，但没有解释为什么我们最终会对酒上瘾。患嗜酒症的人对酒精会异常渴望。酒精每年夺走6000名比利时人的生命，占比利时总死亡人数的5%。其中，有30%的人死于受伤，21%死于胃肠道疾病，18%死于糖尿病和其他心血管疾病，13%死于感染，另有12%死于相关的癌症。

成瘾从何而来？动机和奖励机制嵌入我们大脑最原始的部分，使我们对自然的欲望，如食物、饮料和性做出适当的反应。大多数时候，这种令人陶醉的奖励感觉是短暂的，但像其他毒品一样，酒精最终会重塑整个奖励机制的基础。由于习惯问题，酒精成瘾者必须喝得越来越多才能达到同样的奖励感觉。这是以对酒精的持续渴望为代价的，而且在戒酒过程中复发的机会更大。熟练的身体也能更好地应对大量的酒精，因为它建立了耐受性。重度饮酒者的新陈代谢达到高峰，并在看不见的情况下分解酒精和乙酸。解毒系统的效率得到提高，并利用原本清理其他有毒物质和药物的"团队"来处理酒精。但几年后，它们会因过度劳累而停止运作，如此大量和长时间的饮酒最终是以牺牲保持身体最佳状态的过程为代价的。

我无意在这里细致描述酒精成瘾对身体的每一个不利影响，但我要说，没有一个器官在酗酒后可以免受其害。肝脏是头号受害者。在第一阶段，脂肪在中毒的肝细胞中积聚，起初还是一种可逆转的现象。每1000个比利时人中就有4人因过度饮酒而出现脂肪肝。如果这个过程持续时间过长，肝脏就像被"点燃"，死亡的肝细胞被永久性的疤痕组织所取代，就像一个深深的伤口在皮肤上留下一个白色的疤痕一样。这些疤痕永远不会消失并影响肝脏的正常功能。

对于肝脏来说，这意味着一个生化净化站不再正常过滤，处理有毒物质变得困难，几乎不吸收任何营养物质，从而增加了肝脏衰竭和癌症的机会。有严重酗酒史的人肝衰竭的一个典型症状是黄疸病，即眼白和皮肤都会变黄。衰弱的肝脏不再分解来自死亡红细胞的无法使用的血红蛋白，因此色素在身体各处积累。由于分解的血红蛋白使粪便呈现典型的深棕色，而肝功能衰竭时缺乏血红蛋白会使粪便呈现灰白色，有时被称为"白色腻子便"。

由于神经细胞数量的减少，大脑实际上在缩小。整齐的灰色物质像融化的冰川一样缓慢而稳定地崩溃和收缩。这导致了睡眠障碍、抑郁症和精神疾病。Wernicke-Korsakoff综合征（Wernicke-Korsakkoff综合征是慢性酒精中毒常见的代谢性脑病——译者注）影响短期记忆，是受影响的胃肠壁对维生素B_1吸收不良的结果。脆弱的听觉细胞受到损害，导致耳聋。病人的生育功能也会受影响。男性勃起问题和女性月经周期不规律都会降低生育能力，增加流产的风险。缺乏叶酸的摄入会增加患乳腺癌的风险。糖代谢不良会在多年后蜕变为糖尿病，导致静脉堵塞和心血管系统疾病。

这不意味着你必须滴酒不沾。近年来，有许多研究表明，适量饮酒对部分人群有有益影响。然而，"适量"的准确定义是什么，仍然是专家们激烈争论的问题。最新的共识是，男性每天喝一到两杯，女性每天一杯，中间停喝几天。这些研究的起因是观察到热爱葡萄酒的法国人和意大利人比欧洲人的平均寿命要长。

这些研究的结果是有差异的，就目前而言，研究主要在于饮酒和健康的关系。我们仍然不知道是酒精还是添加在酒饮品中的添加剂在人体内起作用，又是如何起作用的，以及两者中哪一个是真正有利健康的。各种理论都在流传。流行的白藜芦醇假说认为，每天喝大约一杯红葡萄酒可以减少癌症和心血管疾病的风险。白藜芦醇是葡萄皮中天然存在的一种多酚，在酿造红葡萄酒的过程中，它比白葡萄酒的存在时间更长。作为一种抗氧化剂，它被认为可以保护血管免受坏胆固醇的损害。在低剂量的情况下，酒精被认为可以增加血液中保护心血管疾病的良好胆甾醇的水平以减小糖尿病、中风和肾结石的风险。除此之外，适度饮酒还能减轻压力，改善心理健康。

最后，就像生物学中一贯的做法一样，它归结为成本效益的平衡，对酒精摄入不能一概而论。就像许多事情一样，最好避免走极端，但有时你可以发泄一下，这时一杯啤酒就会受到人们的欢迎。

第九章

放射性辐射对身体有什么影响？

1987年9月13日，罗伯托·多斯桑托斯·阿尔维斯（Roberto dos Santos Alves）和瓦格纳·莫塔·皮耶尔（Wagner Mota Pereira）这两个流浪汉在巴西戈亚尼亚的一家废弃医院里捡到一个特殊物体。他们不知道这是一个废弃的放射治疗仪里的零件，里面有高度放射性的氯化铯。罗伯托希望卖掉这块东西换取一些钱，他摆弄了3天，打开了辐射源的保护壳。几天后他病倒并发生呕吐，双手也被烧伤。医生起初怀疑是感染，让他吃药休息。一段时间后，他成功地打开了这个物体的外壳，看到了一道神奇的蓝光。一家废品收购站的老板费雷拉（Devair Alves Ferreira）认为这个物品值得收藏就买下了它，并向家人展示。没过多久，他们都病倒了。通过转售，这个东西进入了其他无辜的受害者手中。

最后，费雷拉的妻子通知了医院，随后政府采取了严格的措施，以消除辐射源流通中的危险，并对损害进行测量。经过大规模的排查，确定有249人受感染，42所房屋、5头猪和5万个卫生卷纸都出现了辐射水平升高的情况。废品收购站老板的妻子和侄女死于辐射病，另外两个不幸的人也是如此。费雷拉在这次事件中幸存下来，但他的前臂被烧伤，经历多年抑郁症后因过度饮酒而丧生。

戈亚尼亚事件表明，放射物作为人类健康的隐形敌人可以造成极其危险和严重的后果。由于担心该地区受到进一步污染，人们在费雷拉6岁侄女的葬礼上甚至发生了暴乱。在比利时，也有类似的事故。2006年，在弗勒鲁斯一家对工具进行消毒的工厂，一名工人在暴露于辐射不到20秒的情况下受到了致命的伤害。而战后切尔诺贝利和福岛等重大核灾难的恐怖和不易察觉的灾难也同样让人们感到恐惧。

所有这些都与我们从放射性技术的应用中获得的巨大利益形成鲜明对比，例如从核裂变中产生能量、癌症的放射治疗、食品消毒和基于放射性的（医学）研究。这些技术不仅为我们提供了必要的电力，而且迄今为止，放射治疗技术拯救的生命已数千倍于因辐射事故丧生的人数。

那么，什么是放射性，它对人体有什么影响？它有多危险，为什么会这样？在杜尔核电站周围建造一个新的核电站和每年去医院做CT是否同样有风险？放射性辐射可以导致癌症，但也可以治愈癌症，这究竟是为什么？而这一切是否与流传的革命性5G技术带来的辐射危害谣传有关呢？

感知无法观察的辐射

只有当你知道放射性本身是什么时，我才能解释放射性对你的身体有什么影响。为此，我们将在微观世界里看一看物理学。

首先看看你的周围：所有可观察到的自然界都是由物质组成的，从水等液体到你呼吸的空气中的氧气和氮气等气体，再到固体材料，例如房子的墙壁。还有，包括人类在内的所有地球生物都是由固体、液体和挥发性物质组合而成的。

所有物质的基本组成部分是原子，这种粒子如此微小，以至于只有在放大数万倍的超精密设备上才能看到。1869年，俄罗斯化学家德米特里·伊万诺维奇·门捷列夫（Dmitri Ivanovich Mendeleev）将当时所有已知的原子按照其结构和相应的特性排列在元素周期表中。如果你看一下最新的版本，你会看到98个自然存在的原子和20个合成的原子排列在118个格子里。

各种原子相互之间形成化学键，以各种可能的方式形成物质。它们自身结构为简单或复杂的分子，由两个到数百个原子组成。这有点儿像用字母拼写单词，仿佛大自然在和自己玩拼字游戏。就像我们用26个字母拼凑出成千上万的单词一样，大自然用98个原子锻造出更多的分子，每个分子都有其特定的属性。

举个例子：铅笔。笔芯是由碳原子组成的蜂窝状三元结构，被称为"石墨"。因此，用铅笔写字不过是在纸上留下石墨中弱连接的碳原子层。你用橡皮擦掉的实际上是纸上的碳原子。如果你把石墨放在极高的压力下，原子会重新排列成一个非常坚固的、几乎不可打破的三元结构——钻石。

石墨和钻石是两种仅由一个原子构成的物质。几个原子的无限组合产生了足够的分子来创造自然界的生物，如人类——人类本质上不过是一个巨大的、移动的分子混合物。

这与放射性辐射有什么关系呢？我们先来看另一条自然法则：一切都在努力追求稳定和平衡。举个例子：一碗热汤的温度高于它周围的冷环境。根据自然法则，热能从汤中移动到（定义为封闭的）环境中，直到两者的温度相等。同理，在微观世界中，许多原子自然地藏有大量的能量，它们一开始是无法摆脱的。有的有点儿不稳定，有的则极其不稳定，这取决于多余能量的多少。为了摆脱像这碗汤一样的热能，只有一件事可以做，那就是衰变成一个更稳定的原子。不稳定的原子通过发射电磁辐射来摆脱其积累的原子能量。

电磁辐射以不可见的电波和磁波的形式出现，或以比已经微不足道的原子还要小的粒子形式发射。简单起见，让我们把它们称为波。与水波一样，波的大小和波长等属性决定了它们的危险程度。习惯了在比利时海岸戏水的你，可能会对夏威夷海滨接踵而来的高达十几米的海浪感到害怕。这同样适用于辐射，根据原子所释放的能量大小，辐射要么无害，要么非常危险。原子发出的辐射越多，波就越大。能量越大，波长越短，对人类就越危险。

在天空中离我们最近的恒星——太阳——散发的能量，是地球上生命的主要天然辐射来源。它的表面蕴藏着无穷无尽的原子，其能量足以发出无数破坏性的短波紫外线，可以迅速将没有保护的人类皮肤灼烧成一块红色的熟肉。

物理学家将不同类型的电磁辐射从宽波段到短波段进行分类，并称之为电磁波谱。可见光只是整个辐射光谱的一部分，其波长为几百纳米（1纳米是1毫米的百万分之一），由于眼睛后面视网膜的感光细胞，我们可以感知到光。

视网膜无法检测到其他类型的辐射，因此阿尔维斯（Alves）（本章开头事件中的主人公——译者注）和其他人都无法从视觉上确定放射源发出了多少其他更危险的辐射。由于这个原因，现在有辐射风险的设备或区域都要有三叶形警告标志，以提示其对健康产生有害影响。

能量较低的辐射波长较长，振幅较宽，这个波段通常是无害的。无线电波的波长长达数千米，极其适合广播电台向拥挤的安特卫普高速公路上的司机通报50千米外的路况。

波长越短，辐射的能量越大，对健康的威胁越大。波长短于124纳米的辐射，包括最短的紫外线、X射线和γ射线，它们拥有巨大的能量，以至于被它们击中的物质的原子会自己改变形状。那这种情况是如何发生的呢？

想象一下，物质中的原子是一个迷你的太阳系，太阳是一个带正电的核心，围绕核心运行的带负电的电子是行星。正负电场相互抵消，形成一个稳定的原子。来自放射源的高能辐射可以将电子击出原本稳定的原子核轨道，打破了系统的平衡，就像你突然将木星打出太阳系一样。正负电场不再相互抵消，以前稳定的原子获得了一个电荷，成为一个离子。而一个电离的原子会对其附近的其他原子和分子造成很大的损害。因此,具有这种能力的辐射被称为电离辐射或放射性辐射。

根据放射性原子或同位素的不同,元素衰变到稳定的状态需要一万亿分之一秒到几十亿年不等。科学家们用 "半衰期" 来表示衰变的速度,即直到一半的放射性原子发生衰变的时间。从爆炸的切尔诺贝利反应堆中释放出的放射性物质通常有30年或更长时间的半衰期,使周围的土地在很长一段时间内不适合居住。任何想看玛丽·居里(Marie Skłodowska Curie)(即居里夫人——译者注)文件的人仍然必须事先签署 "风险自负" 的协议,因为她在工作中使用了半衰期为1600年的高辐射性镭,导致她的文件至今有高辐射。

放射性现象是在1900年左右被发现的,当时一些有才华的科学家观察到了原本无法观察到的现象。19世纪末,德国物理学家威廉·伦琴发现了能够穿过人体组织的X射线,并以他的名字命名。根据亨利·贝克勒尔在巴黎的观察,玛丽·居里和她的丈夫皮埃尔·居里进一步将放射性现象描述为一个不稳定的原子衰变为新的、稳定的原子,而他们之前在材料中并没有发现这些原子。年轻的爱因斯坦根据最著名的公式$E=mc^2$,计算出了不稳定的重元素的原子核分裂过程中释放的能量。

收集并利用原子核分裂所释放的巨大能量就像一种艺术,如今给我们带来了为数百万家庭和企业供电的核电站,但也带来了原子弹毁灭性的力量。在第二次世界大战结束时,它开创了持续的核威胁时代,并使人类有能力在按下按钮后将自己毁灭。我们每年的放射性辐射剂量大部分是大自然的残酷礼物而非人为的。不稳定的原子围绕着我们，辐射实际上无处不在。自然环境中的辐射被称为 "背景辐射"。我们一边不断受到宇宙辐射的轰击，一边接受其他放射性粒子的辐射。与比利时的沼泽围垦地相比，挪威和芬兰的岩石地所发出的放射性辐射要高出3倍，这是由于起源不同和构成上的差异的结果。

一些放射性物质通过食物吸收或通过空气颗粒吸入，从而进入身体的各个部分。来自巴西的香蕉是最具放射性的食物之一，因为它们积累了大量的钾，其中的钾元素的放射性同位素钾-40在当地土壤中也比较丰富。有时，装满香蕉的集装箱中的辐射量高到足以引爆港口海关的传感器，而这些传感器本来是用来拦截非法运输的核材料的。这导致了一种新的、有趣的辐射强度测量方法，即香蕉等效剂量——你吃一根香蕉吸收的辐射剂量。当然，你不必为此担心，要接受致命的剂量，你需要吃2000万根香蕉，或者一生当中每天都吃大约700根香蕉。

在此基础上，我们积累的关于放射性的知识和基于此的许多技术发展也在辐射量中占有一定份额。我们使用辐射对手术设备和食品进行消毒，以保护我们免受其他有害微生物的侵害，在医学上，我们通过辐射手段治疗最严重的疾病——癌症。这并不是说辐射对人体没有危险，也不是说我们不该谨慎地处理放射性问题，并不惜一切代价避免像戈亚尼亚那样的事件。

但安全和不安全的界限在哪里？放射性辐射在什么时候是一种危险，

它究竟是如何损害人体的？

放射性辐射对身体的影响

首先，我们必须区分低剂量的辐射和高剂量的辐射，前者主要造成长期损害，后者则是瞬间摧毁身体细胞，在短期内就有可能致命。虽然高剂量辐射产生了我们将在后面提到的可怕的辐射病场景，但大多数受害者是长期暴露在自然界中的极低剂量的受害者。

放射性辐射对生物组织的有害影响以希沃特（Sievert）为单位表示。你受到的希沃特量取决于辐射的类型、剂量、持续时间、身体受照射的部位、提供的保护、与辐射源的距离以及辐射是在体内还是在体外。对于10毫希沃特（也叫毫希）以下的辐射强度，没有确凿证据表明它们在短期或长期内对健康有害。如果你接近100毫希，从长远来看，某些癌症的风险会增加。从500到1000毫希，你就进入了急性危险区，几乎立即出现辐射综合征的症状，并有可能有致命的后果。超过10 000毫希，人就直接死亡了。

比利时人平均每年吸收约4毫希的放射性辐射，根据居住地、职业或旅行活动的不同，会有一些个体波动。至少有2.5毫希来源于自然背景辐射。其中大约一半来自不断从地下渗出的放射性氡气。氡气由放射性粒子钍和氡组成。它们很快就会分解成其他放射性颗粒，很容易进入地下室，附着在我们吸入的灰尘和烟雾颗粒上。因此，建筑法规要求地窖必须配备通风设备，而且最好使地窖地板密闭，以便没有气体可以泄漏。

另一半的背景辐射来自宇宙射线和自然环境中的其他放射性粒子。由于宇宙辐射，生活在高海拔地区的人比其他地区的人每年多接受8毫希辐射。我们通过食物和饮料吸收其他浓度低得多的放射性粒子。香蕉等效剂量仅相当于千万分之一希沃特。在过去，烟雾探测器和避雷针也有一丝放射性，但到20世纪80年代末，更现代、更安全的技术已经得以改进。

人在医院就诊时也会接受一些人工辐射，比如全身CT扫描的单次剂量为10毫希。然而，通常情况下，剂量要比这低得多。在牙医那里做一次牙科扫描，接受的辐射剂量相当于跨大西洋飞行期间一样多。住在多尔核电站旁边，每年有不到0.01毫希。0.2毫希的剂量不及去阿登地区露营两周更"危险"。目前，切尔诺贝利灾难对我们地区的影响是微不足道的0.02毫希。

那么，放射性辐射实际上是如何对身体造成损害的呢？当低量的放射性辐射将一个稳定的原子转变为不稳定的离子时，该离子会损害周围的分子或破坏其所属分子的功能。决定蛋白质等分子的形式和功能的化学键崩溃了，本来服务于人体的分子突变成了引起身体排异反应的物质，搅乱了一切。这影响了生物组织的运作，因为每个细胞中的生化建构都依赖于一个由巨大的分子组成的脆弱网络，这些分子协同工作，只有在其结构被整齐地保存下来的情况下才能正常工作。就像从房子的墙上敲下几块砖，坍塌的威胁使整个房子无法再居住。

一个对辐射非常敏感的分子是DNA。它包含大约2万个基因，这些细长的字母代码携带着构建数千个蛋白质分子的信息。蛋白质反过来驱动新陈代谢和各种生命过程。将DNA比作一本巨大的烹饪书：基因是食谱，蛋白质是准备好的菜肴。除了红细胞之外，数以千计以DNA形式存在的信息被超有序地折叠在每个身体细胞为1立方微米的核心中。换句话说，细胞核包含了将受精卵变成七尺男儿并在地球上生存80年的图纸。

如果每天不制造新的蛋白质和新的细胞，生物体就无法生长、生存或恢复。因此，DNA还包含调节各种新细胞生产的基因。它们指示母细胞何时进行分裂，在这里和那里产生新的细胞，每个细胞都有自己的任务：如果你的免疫系统想打败感染，它需产生额外的白细胞来对付微生物；更新和维持不断脱皮的皮肤的健康需要每天供应新的皮肤细胞；甚至在大脑中，每天都需要有新的神经细胞出现，帮助我们维持记忆。

由于存在密切配合的基因，新细胞的数量与它们所取代的旧细胞或死细胞完全匹配，数量不多不少正好。这有点儿像在商店里补充货架，货架装满时正好，但不能再多了，不然，货架上多余的商品就会被挤到地上。

电离辐射对原子进行充电，并能在基因层面上改变DNA分子的结构，其任务是保持细胞分裂受到控制。非常低的剂量通常不是问题，因为少数射线击中DNA上的基因的机会很小，如果真的发生，酶会通过更好的切割和粘贴来修复任何损害。

但有时也会出现差错，DNA中的一个错误，也被称为"突变"，会导致对细胞分裂控制的丧失。然后，"蝴蝶效应"开始显现。变异母细胞的细胞分裂开关被"打开"，这导致后代继承了母细胞的恶性特征，因为在细胞分裂过程中，变异的基因被简单地复制并传递给下一个细胞。这种异常的细胞分裂是癌症的基础。由于缺乏空间，失去效能的、异常的组织团块或肿瘤会发展并占据相邻的健康组织，并在长期内影响器官的功能，造成威胁生命的后果。还是用前面提到的商店里的货架打比方，就好比货架上虽然满是商品，却没有顾客所需要的，商店慢慢就会倒闭。

1929年，一位美国医生首次注意到，微量的放射性也是慢性杀手。起因是他注意到在一家钟表厂，年轻的、原本健康的女工患骨骼和唇部肿瘤的数量明显增加。女工们的工作是用以镭为基础的混合涂料给手表表盘上色，她们操作时用嘴唇触摸薄薄的刷子，虽然每日吸收微小剂量的镭，但持续多年积累的量损害了口腔周围的组织并导致癌症。这个发现以后，人们开启了对放射性危害的研究。

活跃分裂的细胞是最敏感的，因为在细胞分裂过程中，DNA会在没有保护的情况下暴露出来。头号猎物是骨髓中快速分裂的干细胞，它们产生不同类型的免疫和血细胞。白血病是接受过大量放射性辐射的人中最常见的癌症。大量在广岛和长崎核事故中幸存的人在几年后患上了白血病。未出生的孩子，作为一个快速分裂的细胞体，对辐射也非常敏感，因此在放射治疗期间，孕妇要不惜一切代价保护。但很少有脑瘤是暴露于放射性辐射的结果，因为数量有限的神经细胞分裂得非常缓慢。

尽管身体很容易从这种低剂量的有害影响中恢复过来，但据估计，仅在比利时，从地下渗出的氡气每年就造成约900人死亡，这也许是当今比利时最重要的放射性死亡源。一旦被吸入，放射性粒子会在体内停留多年，并可能导致癌症。氡气被认为是比利时大约7%的肺癌的原因。

肿瘤本身是一团能快速分裂的细胞群，指向性的强辐射源对肿瘤细胞有破坏作用。严重受损的肿瘤细胞非常脆弱，DNA不能正常配对，导致大量不受欢迎的叛乱分子提前被消灭。放射治疗的医学应用已经通过这种方式拯救了许多人的生命。唯一的缺点是，所使用的X射线也会穿透健康的组织。幸运的是，当剂量不是太高时，健康细胞的恢复情况要比变异的细胞好得多，这就是为什么病人经常要接受几轮放疗。

研究人员现在从癌症统计数据和动物研究中了解到，基于放射性治疗所引起的癌症病例肯定不是零，但与为病人增加的寿命相比，风险可以忽略不计。此外，当外科医生的手术刀切入了身体之前，放射性消毒技术已经将各种微生物从他的工具上清除了。

因为X射线可以穿透软组织，但不能穿透富含钙质的骨骼，所以放射科医生也用它来观察你是否在跌倒中不幸骨折。在人们知道X射线的危险性之前，鞋匠们甚至用它来测量鞋的尺寸，然后再把做好的新鞋送货到家。

随着科技的发展，人们对5G技术的辐射影响展开了激烈讨论。这项高端技术是在2019年推出的，旨在将移动数据传输的速度提高10倍，因为我们希望在世界各地更多、更快地收发数据。就像之前的技术一样，5G使用电磁辐射来实现这一目的。

然而，这是低能量、非电离辐射。但是，新技术和有关其安全性的问题总会引起很多喧嚣。只要想想第一批微波炉上市后迅速引发的关于其危害性的故事就知道了。微波使食物中的水分子振动，从而能重新加热前一天剩下的食物。射线能穿透大约2厘米，这就是为什么你得在加热中途搅动食物，不然内部还会冰凉。金属外壳可以防止射线离开微波炉，并且低剂量的辐射不会对健康构成威胁。

5G技术也会发射出剂量非常低的非电离辐射，加热富含水分的物质。尽管辐射的穿透力要小得多，对人体组织的加热能力也只有微波炉的几十分之一，但人们总是把智能手机、平板电脑和其他设备贴得离皮肤很近，每天甚至长达几个小时以上。因此，近400名科学家提出，长期靠近电子设备可能导致眼睛的角膜和附近的皮肤受到损害，并有致癌的风险。他们在2017年9月呼吁欧盟推迟引进5G，直到有可靠的科学依据来保证其安全性。这个问题仍然没有答案，并且遭到了其他权威机构的强烈反对，包括来自世界卫生组织的研究人员，他们至今没有发现任何负面影响。

为谨慎起见，世界卫生组织将射频辐射列为潜在的致癌物，但这也包括了佛莱芒（比利时的一个地区——译者注）的农民从茂盛的菜园里摘取的蔬菜。可以肯定的是，我们心爱的太阳所发散的紫外线辐射比5G辐射要危险许多倍，然而从人类的日常表现来看，很少人对此表现出过分担忧。

不易察觉的隐形杀手

比起日常要面对的低剂量辐射，有一些人在短期内接受了极高剂量的辐射，这虽罕见却十分可怕。比如，核灾难和可怕的原子弹导致的核辐射。第二次世界大战中使用原子弹的效果令世人震惊，随后的核威胁助长了冷战时期的霸权争夺和紧张气氛，至今仍是最高权力机构谈判桌上的一个微妙话题，核能的利用和相关的风险在政治能源辩论中也占主导地位。公众对此意见强烈，因为战后最大的核灾难导致的死亡人数十分惊人，所以放射性作为一个不可察觉的无形杀手，持续给人们带来恐惧。

就在2011年3月，日本本州岛东北部发生强烈地震后，福岛核电站因为高达几米的海啸而发生爆炸。现场测量记录了当时辐射量达到了每小时800毫希，相当于一个人在一小时内接受了80次CT扫描。随后，日本政府宰杀了遭受到辐射的禽畜，包括63万只鸡、3.15万头猪和3400头牛，并公布了死亡案例，但除此之外并没有进一步的有效控制手段。

1986年4月切尔诺贝利灾难发生后不久，参与救援的志愿者在几乎没有任何保护措施的情况下，在90秒的时间内将放射性物质从爆炸的核电站屋顶扔回破损的反应堆。一些人在这么短的时间内吸收了800～1600毫希的辐射量，相当于一年能吸收的总辐射量的200~400倍。这场灾难中至少有134人死亡，其中28人在3个月内死亡，两人在最初的几天内死亡。其中一些人死于爆炸本身，另一些人则死于可怕的辐射病，在随后的几年里，可能有更多的人死于癌症。

幸运的是，由于今天的知识、技术和严格的安全措施，这种情况发生的概率非常小。但这并不意味着我们应该毫无准备。此外，仍有一些方法上存在痛点，如核废料的安全处置，在这个过程中，工作人员会面临辐射污染的风险。

1976年，普林斯顿大学的一名物理学学生约翰·亚里士多德·菲利普斯证明，核武器比人们想象的更容易研制。仅凭借核物理学的教科书和两份公开发布的政府文件，菲利普斯在年幼时就设法在自己的房间里拼凑出了一颗原子弹，尽管没有放射性成分。惊慌失措的联邦调查局没收了他写的手稿以及炸弹的原型，菲利普斯也因此被称为"原子弹小子"并名声大噪。

核武器的危害比背景辐射或你在医院受到的辐射高几千倍。从500毫希开始，辐射会在短期内对生命产生威胁。

如果整个身体受到3000毫希的照射几分钟到几小时，一半的受照射者会在30天内死亡。辐射强度和能量是如此之高，以至于没有来得及对DNA和其他蛋白质造成逐步损伤，人体组织就已经直接沸腾。这是因为辐射也会在组织中产生热量，就像高剂量的紫外线对脆弱的人体皮肤的影响一样。

高辐射能量将DNA打成碎片，而蛋白质则不可逆转地凝结。这将导致暴露的身体部位被烧伤，例如阿尔维斯撬开放射治疗源的手就是如此，细胞集体死亡并燃烧，受害细胞的多少取决于暴露时间的长短和辐射剂量的大小。

被杀死的毛发细胞会使头部变秃，死亡的皮肤细胞不会恢复，被压碎的神经细胞和血管会导致大脑损伤，眼睛的晶状体会变得浑浊，被杀死的消化系统细胞会引起恶心、腹泻和呕吐。在性器官层面，精子或卵子细胞丢失，导致不育。骨髓中被破坏的干细胞使免疫系统瘫痪。抗生素是对抗感染的最后手段。有趣的是，一些人在接触放射源后，几天内似乎辐射病症状就好转了，但他们仍然得了致命的疾病，只是暂时没有显现出症状而已。

虽然核灾难期间的放射性辐射主要来自外部，但也有来自内部的污染风险。熔化或爆炸的反应堆将放射性颗粒抛射到空气中，它们黏附在我们吸入的灰尘颗粒上，甚至在事件发生数月后进入食物链，在身体的特定部位蓄积而不被人注意。

当值班的气象员宣布切尔诺贝利的放射性云层正在向西欧移动时，比利时民众也经历了恐慌。该云层含有放射性碘-131。天然无放射性的碘可以在厨房的盐中找到，它是甲状腺产生甲状腺激素的必要元素。甲状腺激素是调节身体新陈代谢的信使分子，使大脑保持高速运转，并引导从胚胎到成人的生长朝着正确的方向发展。因此，甲状腺对碘的吸收非常高效。但是，随着不祥云的出现，放射性变体落在了奶牛吃草的草场上，放射性碘随后被发现进入了牛奶，并有可能最终进入消费者体内，在那里它可能在甲状腺中积累并导致癌症。出于恐慌，商场里货架上的存量牛奶和黄油产品都被清空，虽然人们被告知情况并没有想的那样严重，但大家充分感受到了事件带来的冲击性。

在灾难发生后的几年里，切尔诺贝利地区至少有1800名儿童被诊断出患有甲状腺癌。为了在未来发生核灾难时减少这种风险，在比利时你可以在任何一家药店免费领取碘丸。由于药片中的非放射性碘过多，放射性变体没有机会在甲状腺中积累，在几周内衰减为非放射性形式，最终通过尿液排出。

还有许多其他放射性物质。铯-137的半衰期为30年，作为一种水溶性物质，很容易在肌肉等富含水分的组织中扩散。它需要几个世纪的时间才能衰变成无害的元素。锶-90与钙有些相似，因此可以在富含钙质的骨骼中积累，最终会引发骨癌或骨髓癌。

由于年代久远的辐射危险，切尔诺贝利核电站自2016年以来一直被封闭在一个混凝土石棺中，它阻挡了反应堆的残余辐射。

有意思的是，积累在特定器官中的放射性物质，如碘-131，作为医疗手段能使肿瘤"安静下来"。放射性碘的剂量管理可以将甲状腺癌扼杀在萌芽状态。这样看来，每一个事物都有其优缺点，放射性物质也是如此。

可以肯定的是，基于放射性的研究和应用所拯救的生命比它们所付出的代价多得多，为此我们应永远感谢像玛丽·居里这样的科学家们。